新时期安徽省
生态环境高水平保护研究

王晓辉 吴 楠 汪水兵 孙 雷 / 著

中国环境出版集团·北京

图书在版编目（CIP）数据

新时期安徽省生态环境高水平保护研究 ／ 王晓辉等
著. --北京：中国环境出版集团，2024.10. -- ISBN
978-7-5111-5964-9

Ⅰ．X321.54

中国国家版本馆 CIP 数据核字第 2024M9S584 号

策划编辑	葛　莉	
责任编辑	王　洋	
封面设计	宋　瑞	

出版发行　中国环境出版集团
　　　　　（100062　北京市东城区广渠门内大街 16 号）
　　　　　网　　　址：http://www.cesp.com.cn
　　　　　电子邮箱：bjgl@cesp.com.cn
　　　　　联系电话：010-67112765（编辑管理部）
　　　　　发行热线：010-67125803，010-67113405（传真）
印　　刷　北京中科印刷有限公司
经　　销　各地新华书店
版　　次　2024 年 10 月第 1 版
印　　次　2024 年 10 月第 1 次印刷
开　　本　787×1092　1/16
印　　张　12
字　　数　249 千字
定　　价　96.00 元

【版权所有。未经许可，请勿翻印、转载，违者必究。】

如有缺页、破损、倒装等印装质量问题，请寄回本集团更换。

中国环境出版集团郑重承诺：
中国环境出版集团合作的印刷单位、材料单位均具有中国环境标志产品认证。

前　言

　　2023 年 7 月 17—18 日，全国生态环境保护大会在北京召开。自 1973 年第一次全国环境保护会议召开以来，我国生态环境保护工作历经 50 年，取得了历史性成就，发生了历史性变革。第一阶段（1973—1994 年），国家将环境保护确立为基本国策，坚持预防为主、谁污染谁治理、强化环境管理三项政策和五项相关制度与措施，形成了我国环境管理的"八项制度"，生态可持续利用理念显现。主张依靠科技和法治保护生态，开启法治化、制度化进程。这一阶段属于人与自然关系的"战略相持"阶段。第二阶段（1995—2011 年），高度重视生态空间的功能划分，并针对性地以生态空间和生态功能保护恢复为主，将可持续发展上升为国家战略，提出了生态文明理念。高度重视资源和生态环境问题，推动经济发展和人口、资源、生态、环境相协调，将生态保护纳入国民经济发展计划。这一阶段生态环境保护发展到了"战略反攻"的新阶段。第三阶段（2012 年至今），系统形成了习近平生态文明思想。在习近平生态文明思想的指导下，坚持以人民为中心，牢固树立和践行绿水青山就是金山银山的理念，生态保护工作逐渐向生态系统整体保护、系统修复、综合治理转变，最严格生态环境保护制度基本建立。生态环境保护进入加快绿色化、低碳化的高水平发展阶段。

2022 年 10 月 16 日，党的二十大明确了新时代的十年，我国全方位、全地域、全过程加强生态环境保护，生态文明制度体系更加健全，污染防治攻坚向纵深推进，绿色、循环、低碳发展迈出坚实步伐，生态环境保护发生历史性、转折性、全局性变化，我们的祖国天更蓝、山更绿、水更清。同时，提出高质量发展是全面建设社会主义现代化国家的首要任务。要求加快发展方式绿色转型，深入推进环境污染防治，提升生态系统多样性、稳定性、持续性，积极稳妥推进碳达峰碳中和，推动绿色发展，促进人与自然和谐共生。习近平总书记在全国生态环境保护大会上指出，我国生态环境保护虽然取得了历史性成就，但生态环境保护结构性、根源性、趋势性压力尚未根本缓解，生态文明建设仍处于压力叠加、负重前行的关键期。必须以更高站位、更宽视野、更大力度来谋划和推进新征程生态环境保护工作，谱写新时代生态文明建设新篇章。因此，新时期要以生态环境高水平保护为主题，建立生态环境与经济相互融合的新型关系，加快经济社会发展各领域和各方面的绿色转型，实现生态环境质量持续改善、生态环境治理体系和治理能力明显提高的目标。

安徽省在全国的区位居中靠东，沿江通海，是长江经济带和长三角一体化发展的重要组成部分，处于全国经济发展的战略要冲和国内几大经济板块的对接地带，经济、文化同长三角地区其他省（市）有着历史和天然的联系。特别是延绵八百里的沿江城市群和长江经济带，内拥长江黄金水道，外承沿海地区经济辐射，具有得天独厚的发展条件，也事关长三角一体化发展、长江经济带高质量发展的全局。近年来，安徽省委、省政府深入贯彻习近平生态文明思想，生态环境保护和生态文明建设成效显著。同时，应清醒认识到，安徽省经济社会发展绿色转型内生动力不足、基础薄弱，工业化、城镇化尚未完成，能源需求仍将保持刚性增长，实现碳达峰碳中和目标任务艰巨。生态环境质量稳中向好的基础还不牢固，量变到质变的拐点尚未到来，淮河流域和巢湖流域部分支流水质相对较差、皖北地区大气环境质量亟待改善等问题尤为突出。以上诸多问题，需要我们转变思路、解放思想，从区域整体发展与保护的角度看待生态环境保护，将生态环境保护深入到经济系统中去主动引导和推动绿色转型发展，发挥新时期生态环境高水平保护的实际作用。

工业文明已经深刻改变了人类的生产与生活方式，我们也深刻认识到环境与经济协调发展的重要性。2019 年年末，新冠疫情暴发，严重影响了人们的生活，也更加让人们认识到人与自然和谐相处的重要性。我们只有充分并深刻地认识到"生态文明建设"的重要性，全面贯彻新发展理念，摆脱过去习惯性依赖的发展模式，协同推进经济高质量发展和生态环境高水平保护才能推动经济社会全面绿色发展，实现经济效益、社会效益及环境效益三效合一。

本书从生态环境共保联治、生态空间保护与建设、空气质量改善路径、皖北生态产品价值实现四个方面展开了深入剖析，以期为新时期安徽省生态环境高水平保护提供参考。

本书在生态环境部环境规划院、安徽省生态环境厅相关处室及安徽省生态环境科学研究院各部门的支持帮助下推进完成，特别予以感谢。书稿撰写由安徽省生态环境科学研究院的研究人员共同完成。其中，第 1 章由王晓辉负责编写，第 2 章由王晓辉、孙雷负责编写，第 3 章由吴楠负责编写，第 4 章由汪水兵负责编写，第 5 章由王晓辉、汪水兵、吴楠、孙雷等负责编写。何祥亮、杜艳、胡植、王馨琦、许克祥等对书稿的完成给予了很多帮助。王晓辉负责统稿工作。鉴于研究和认知仍存在很多不足，书稿难免存在偏差和纰漏，欢迎读者给予批评指正。

作　者

2024 年 7 月

目　录

第1章

安徽省生态环境高水平保护背景

1.1 国家生态环境高水平保护需求

1.1.1 生态环境保护在国家发展战略中的地位

环境就是民生，青山就是美丽，蓝天也是幸福。发展经济和保护生态环境同样都是为了民生。既要创造更多物质财富和精神财富以满足人民日益增长的美好生活需要，也要提供更多优质生态产品以满足人民日益增长的优美生态环境需要。要坚持生态惠民、生态利民、生态为民，重点解决损害群众健康的突出环境问题，加快改善生态环境质量。生态环境是关系党的使命宗旨的重大政治问题，是关系民生的重大社会问题。党和国家历来高度重视生态环境保护，把节约资源和保护环境确立为基本国策，把可持续发展确立为国家战略，大力推进生态文明建设。随着经济社会发展和实践深入，我们对中国特色社会主义总体布局的认识不断深化，从当年的"两个文明"到"三位一体""四位一体"，再到今天的"五位一体"，这是重大理论和实践创新，更带来了发展理念和发展方式的深刻转变。

随着我国社会主要矛盾转化为人民日益增长的美好生活需要和不平衡不充分的发展之间的矛盾，人民群众对优美生态环境需要已经成为这一矛盾的重要方面，广大人民群众热切期盼加快提高生态环境质量。人民对美好生活的向往是我们党和国家的奋斗目标，解决人民最关心最直接最现实的利益问题是执政党使命所在。人心是最大的政治。我们要积极回应人民群众所想、所盼、所急，大力推进生态文明建设，提供更多优质生态产品，不断满足人民日益增长的优美生态环境需要。

党的十九大提出了中国特色社会主义现代化建设目标，到 2035 年基本实现现代化，生态环境根本好转，美丽中国目标基本实现，到本世纪中叶把我国建成富强民主文明和谐美丽的社会主义现代化强国。党的二十大报告指出，中国式现代化是人与自然和谐共生的现代化，尊重自然、顺应自然、保护自然是全面建设社会主义现代化国家的内在要求。2023年7月17日至18日，全国生态环境保护大会在北京召开，这是时隔5年党中央再次召开全国生态环境保护大会，充分彰显了党中央对生态文明建设和生态环境保护的高度重视。大会强调今后5年是美丽中国建设的重要时期，系统部署了全面推进美丽中国建设的战略任务和重大举措，为进一步加强生态环境保护、推进生态文明建设提供了方向指引和根本遵循。

1.1.2　生态环境保护与经济社会发展协调

1.1.2.1　高水平生态环境保护支撑经济社会高质量发展

高质量发展是全面建设社会主义现代化国家的首要任务，是体现新发展理念的发展，是绿色成为普遍形态的发展。当前，我国经济社会发展已进入加快绿色化、低碳化的高质量发展阶段。处理好发展和保护的关系，坚决摒弃损害甚至破坏生态环境的发展模式，坚决摒弃以牺牲生态环境换取一时一地经济增长的做法。在绿色转型中推动发展实现质的有效提升和量的合理增长，是摆在我们面前的一个重大考题。在2023年7月召开的全国生态环境保护大会上，习近平总书记提出正确处理高质量发展和高水平保护的关系。处理好发展和保护的关系是人类社会发展面临的永恒课题。生态环境高水平保护是经济社会高质量发展的重要支撑，高质量发展依靠高水平保护才能实现，两者相辅相成、相得益彰。通过高水平生态环境保护，不断塑造发展的新动能、新优势，着力构建绿色低碳循环经济体系，有效降低发展的资源环境代价，持续增强发展的潜力和后劲，以高水平生态环境保护支撑经济社会高质量发展。

1.1.2.2　统筹推进生态环境保护与经济社会高质量发展

我国经济已由高速增长阶段转向高质量发展阶段，绿色发展是破解生态环境保护与经济社会高质量发展难题，实现生态发展、生活富裕、生态良好的文明发展道路的必然选择。坚持在发展中保护，在保护中发展。

一是坚持辩证思维，客观认识保护与发展之间的对立与统一。保护不是否定发展，保护生态环境，既规制、重塑经济增长方式，又为经济增长提供绿色动能，加快经济社会绿色低碳转型。经济增长既要符合生态环境保护目标要求，又要支撑生态环境保护，为环境保护提供资金投入和物资保障。因此，需要牢固树立"绿水青山就是金山银山""保护生态环境就是保护生产力，改善生态环境就是发展生产力"的理念。以保护生态环境，减少资源消耗、环境破坏、生态占用，降低生态环境代价，降低生产生活成本；以改善生态环境，增加有效、有益产出，为人民群众提供越来越多优质生态产品、环境服务。

二是实施刚柔并济策略，扎实统筹推进保护与发展。所谓"刚"，就是坚持经济社会高质量发展、生态环境高水平保护目标不动摇，统一要求、统一部署。所谓"柔"，就是实事求是、因地制宜、因势制宜，经济下行压力较大时适度调低生态环保（包括减污降碳）目标预期；反之，则适度调高目标预期。当前经济下行压力较大，既要对新上"两高"项目说不，又要对已有"两高"项目给出路、给方案、给帮助、给时间，平稳实现经济社会绿色低碳转型。生态文明建设任务分解和传导要考虑各地区基础条件和主体功能分工，防止无差异化层层分解，将压力一味向基层转嫁。

三是完善协调机制，高效统筹推进保护与发展。重点加强经济社会发展与资源节约、污染防治、生态保护的协调。一方面，经济发展规划、政策充分考虑资源环境承载能力及其变化，社会经济发展不能超越资源环境承载能力；另一方面，生态环境保护治理工作要充分考虑经济发展水平，尤其要考虑经济可行性和承受能力，不能超越经济发展水平、阶段和能力。此外，加强发展、保护等相关部门之间的协调，重点就经济增长、生态环保的形势研判、目标确认、重点领域、关键环节等形成统一意见，避免出现政策口径不一、监管标准不一、职责边界不清、问题相互推诿等乱象，给社会、企业以清晰明确的政策预期、目标预期。

1.1.2.3　生态环境保护融入经济社会发展大局

生态环境问题是经济社会发展过程中的"负产品"，或反过来说，不当的经济社会发展方式是生态环境问题产生的源头，特别是不合理的经济结构（包括产业结构、能源结构等）带来了很多长期性、根源性生态环境问题。只有按照"推动经济社会发展全面绿色转型"部署，对经济社会发展进行结构性改革，才能消除生态环境问题产生的根源，这就是生态环境高水平保护。新时代新征程中，我们要自觉把生态环境保护工作融入经济社会发展大局，牢固树立和践行"绿水青山就是金山银山"的理念，统筹产业结构调整、污染治理、生态保护、应对气候变化，协同推进降碳、减污、扩绿、增长，推进生态优先、节约集约、绿色低碳发展。

1.1.3　生态环境保护形势

1.1.3.1　新时代十年生态环境保护工作取得显著成就

党的十八大以来，经过顽强努力，我国天更蓝、地更绿、水更清，万里河山更加多姿多彩。环境质量方面，2022 年，全国地表水优良水体比例达到 87.9%，地级及以上城市黑臭水体基本消除；土壤环境风险得到有效管控，如期实现固体废物"零进口"目标；全国细颗粒物（PM$_{2.5}$）历史性达到 29 μg/m^3，重点城市年均浓度累计下降 57%，成为全球大气质量改善速度最快的国家。生态保护方面，累计完成防沙治沙 2.78 亿亩（1 亩≈666.67 m^2）、种草改良 6 亿亩，实现由"沙进人退"到"绿进沙退"的历史性转变，在世界上率先实现荒漠化土地和沙化土地面积"双减少"；自然保护地和陆域生态保护红线面积分别占全国陆域国土面积的 18% 和 30% 以上，实现一条红线管控重要生态空间；森林覆盖率提高到 24.02%，我国成为全球森林资源增长最多最快和人工造林面积最大的国家。绿色转型方面，我国以年均 3%的能源消费增速支撑了年均超过 6%的经济增长，成为全球能耗强度降低最快的国家之一；碳排放强度累计下降 35%，扭转了 CO_2 排放快速增长态势；清洁能源消费比重增长到 25.9%，建成全球规模最大的碳市场和清洁发电体系。新时代我国生态文明建设和生态环境保护的成就举世瞩目，人民群众感受最直接最真切，国际社会也普遍认可，成为新时代党和国家事业取得历史性成就、发生历史性变革的显著标志。

1.1.3.2　生态环境保护工作面临的问题与挑战

我国资源压力较大、环境容量有限、生态系统脆弱的国情没有改变，环保历史欠账尚未还清，生态环境质量稳中向好的基础还不牢固。污染物和碳排放问题仍居高位，能源需求仍将保持刚性增长，产业结构偏重、能源结构偏煤的状况一时难以改变。

生态环境保护结构性、根源性、趋势性压力尚未根本缓解，基础性问题依然突出。一是生态环境保护结构性压力依然较大。我国还处于工业化、城镇化深入发展阶段，产业结构调整和能源转型发展任重道远，统筹发展和保护的难度不断加大。二是生态环境改善基础还不稳固。空气质量总体受气象条件影响大，近年来夏秋季 O_3 污染凸显，部分区域优良天气比例同比下降；黑臭水体从根本上消除难度较大，蓝藻水华、水生态失衡问题依然存在；部分地区土壤污染持续累积，严重生态破坏问题屡有发生；农村生活污水无序排放依然突出，农业面源污染尚未得到有效治理；噪声、油烟、恶臭等成为影响群众获得感的突出环境问题；突发环境事件多发频发的高风险态势仍未根本改变。三是生态环境治理能力有待提升。生态环境经济政策体系还不健全，生态环境基础设施仍是突出短板。面源治理的科技支撑与需求还不适应，做到精准、科学防控还有差距。基层生态环境部门发现问题、监管执法和应急能力严重不足，核与辐射安全监管能力与日益繁重的监管任务要求相比存在较大差距。

因此，"十四五"后期以及"十五五"时期，生态环境保护工作将面临更大压力，部分领域存在较大风险，包括"十四五"生态环境质量改善目标难以完成，部分区域污染物排放严重反弹、生态环境质量下降，发生突发重大环境污染事件，气候变化带来的局部突发性生态环境风险等。我们应深刻认识我国生态环境问题的长期性、复杂性、艰巨性，深刻把握生态环境形势的阶段性、特殊性、紧迫性，以正确的策略、高水平的生态环境保护方法、奋发有为的精神状态做好生态环境保护各项工作。

1.1.4　生态环境高水平保护解读

党的二十大报告提出加快构建新发展格局，着力推动高质量发展，高质量发展是全面建设社会主义现代化国家的首要任务。那么，新时期生态环境保护的历史方位和主题是什么呢？如何贯彻落实生态环境保护决策部署呢？主题决定方向，新时期生态环境保护主题是与高质量发展相对应的"高水平保护"。

1.1.4.1 "生态环境高水平保护"概述

"高水平保护"的提法在党的十八大以后尤其是"十三五"期间就已经广泛使用,如"协同推进经济高质量发展和生态环境高水平保护""以生态环境高水平保护促进经济高质量发展"等。生态环境高水平保护在党的十九大以来有了明显进展,打下了很好的基础,现在把它作为党的二十大以后新时期生态环境保护的主题,保持了生态环境保护战略方针的连续性和稳定性。

"生态环境高水平保护"就是相对过去的工作而言,新时期生态环境保护的政治涵义更加深刻、对策措施更加精准有力、治理效果更加有效和可持续。具体而言,高水平保护包含三层含义:一是生态环境质量持续改善。以改善生态环境质量为核心,防范重大生态环境风险,增强人民群众生态环境获得感、幸福感。二是生态环境保护与经济发展融合程度明显提高。增强生态环境保护与经济社会发展的协调性和统一性,摆脱发展与保护之间的两难困境,进一步推进实现"绿水青山就是金山银山"。三是生态环境治理体系和治理能力明显提升。对生态环境保护法制政策和体制机制进行结构性改革,形成不断增强并持久发挥作用的国家和地方(特别是基层)的生态环境治理能力。

1.1.4.2 以人民为中心的发展思想的政治要求

党的二十大报告指出,新时代的十年,国家生态环境质量得到了明显改善,人民群众的获得感和幸福感不断增强。新时期尤其是"十四五"以来,持续改善生态环境质量仍然是生态环境保护的主要目标,是以人民为中心的发展思想在生态环境保护领域的反映。以人民为中心的发展思想是习近平新时代中国特色社会主义思想的核心内容,在党的十八大以来经济社会发展特别是抗击新冠疫情的斗争中展示了巨大的优势,并将在新时期得到更加鲜明和彻底地贯彻。但是,我们应该看到,当前生态环境质量明显改善的成效并不稳固,人民群众还面临很多切身的生态环境问题,对更高水平的生态环境质量怀有强烈的期待和诉求。持续改善生态环境是新时期生态环境保护的基本使命和立身之本,必须坚定贯彻以人民为中心的发展思想,为人民提供更多优质生态产品,同时防范重大生态环境风险,保障国家和人民生态安全,这是必须担当的政治道义。

1.1.4.3 以经济建设为中心的基本路线的现实需要

在践行以人民为中心的发展思想的同时,还必须遵循以经济建设为中心的基本路线,这是生态环境保护工作必须科学辩证处理的两个重要关系。党的二十大在新时代新征程中国共产党的使命任务中提出"坚持中国特色社会主义道路。坚持以经济建设为中心,坚持四项基本原则,坚持改革开放",说明经济建设在国家发展战略中的中心地位没有变。当前,随着生态环境质量明显改善,我国人与自然的关系得到了一定程度的缓解,但如果把今后经济发展的因素考虑进来,"十四五"及"十五五"时期人与自然的关系更趋偏紧,因为生态环境作为一种自然要素,其直接满足人的生存需要(洁净的空气、清洁的水、安全的土壤和粮食安全等)与用来满足人类经济活动的生产需要(使用空气和水体来承纳和净化污染物、使用土地堆存固体废物等）之间，走向是相反的，人民群众盼望更好的生活环境，而经济发展需要更多的空间需求，所以两者矛盾十分突出。发展是解决我国一切问题的"总钥匙"，是党执政兴国的第一要务。在当前国内经济恢复仍然不稳固、不均衡，全国正在加快构建新发展格局的新形势下，生态环境保护必须深刻融入经济高质量发展大局之中，成为经济发展的助力因素，做到环境与经济一体两面，这是一种客观现实需要。

1.1.4.4　深入打好污染防治攻坚战的必备条件

新时期，把重点解决影响人民生活和健康的突出生态环境问题，与着力解决中长期和根本性的可持续发展问题结合起来，是深入打好污染防治攻坚战的本质涵义。深入打好污染防治攻坚战既强调集中突击、尽快见效，也注重稳扎稳打、长远获益。因此，如同现代战争必然要求装备先进武器一样，"十四五"时期深入打好污染防治攻坚战也需要与之相匹配的治理体系和治理能力，即在继承和发展"十三五"治理体系和治理能力的基础上，加强治理体系和能力建设，提升其现代化水平。没有治理体系和治理能力的拓展和升级，新时期生态环境质量持续改善和环境与经济融合程度明显提升的要求就难以实现。在这方面，现有治理体系和治理能力的短板和弱项比较多，离精准治污、科学治污、依法治污要求差距比较大，要步步为营，久久为功，持续推进制度体系和体制机制改革。

1.1.5　习近平生态文明思想有关生态环境高水平保护的阐释

对照人与自然和谐共生中国式现代化的本质要求，作为以绿色为基调的科学理论体系，习近平生态文明思想是当前和未来解决我国复合型与结构性生态环境问题的根本指南，是习近平新时代中国特色社会主义思想的重要组成部分。准确把握习近平生态文明思想所蕴含的认识论、方法论和实践论不仅关乎对习近平新时代中国特色社会主义思想的深刻体悟，也关乎按照系统思维坚持全方位、全地域、全过程开展高水平生态环境保护的坚定决心。

1.1.5.1　人与自然关系的形势研判与价值考量

在领航掌舵中国治国理政的宏伟实践中，习近平总书记高度重视人与自然的关系，作出了"人与自然和谐共生""人与自然是生命共同体""要像保护眼睛一样保护生态环境，像对待生命一样对待生态环境""坚持山水林田湖草沙一体化保护和系统治理"等重要论断。习近平生态文明思想中关于"生命共同体"的论述，在本体论上探究了人与自然生命本源性关系的重建与复归，在认识论上提出了正确处理人与自然关系的新思路，在方法论上摒弃了生态中心主义（"深绿"）和人类中心主义（"浅绿"）二元对立、互为掣肘的抽象争辩。人与自然生命共同体理念也并非脱离人与人社会关系对人与自然关系的高谈阔论，而是在继承马克思恩格斯关于人与自然和解思想的基础上肯定人与自然关系的生态重构，从割裂人与自然关系的同一性到拥抱人与自然关系的共生性，廓清人与自然和谐共生现代化价值取向的理论地平线。

1.1.5.2　经济发展与环境保护从内在张力到超越对立走向共生

党的十八大以来，在"绿水青山就是金山银山""生态兴则文明兴、生态衰则文明衰""人不负青山，青山定不负人"等思想指引下，国家治理的行动逻辑发生了显著变化。在社会实践中，中国生态治理在马克思主义自然观的基础上将人与自然的共生相融延展至生态价值与发展价值的融合互通，以生态重构推动发展模式重构。在经济发展和环境保护双重目标的要求下，经济增长与生态危机有着直接且紧密的联系，既要追求经济发展高质量，又要追求生态环境高颜值；既要建设生态型社会活动空间，又不能抛弃经济发展目标。因此，保持生态保护与经济发展的张力平衡要求经济发展必须以环境承载能力为基础，以环境自净力为限度。概言之，把握生态环境治理现代化的中国逻辑，重点是破解经济发展与环境保护的内在张力。

2020 年 9 月 22 日，习近平主席在第七十五届联合国大会一般性辩论上宣布："中国将提高国家自主贡献力度，采取更加有力的政策和措施，二氧化碳排放力争于 2030 年前达到峰值，努力争取 2060 年前实现碳中和。"作为全球碳排放量最大的发展中国家，尽管"双碳"目标为经济发展增加了更多也更加严苛的限制性条件，但"双碳"目标实现时间的紧迫性和考核指标的约束性同样意味着，我国经济增长与环境保护的关系必将发生历史性、全局性、转折性的变化，即由过去的"环境保护限制经济发展"转变为"环境保护倒逼经济发展""经济发展反哺环境保护"。高水平的生态环境保护不仅不会阻碍经济的发展，而是会为经济的发展增添新的动能，推动高质量发展必须以最小的环境代价实现最大的经济利益，即以降低污染排放强度和生态损耗强度为核心，以促进资源综合利用和有效保护环境为关键，实现生态阈值稳态可控，减缓经济发展与环境保护间的两难悖论。就中国而言，需找寻经济发展与生态保护之间的内在关联，找准经济发展与生态保护的最佳结合点，推动要素劳动力资本驱动向创新驱动转变，推动粗放式发展向内涵式发展转变，优先发展节能环保、绿色生态等特色产业成为全面构建现代化绿色产业体系的必经之路。

1.1.5.3　城乡、区域关系在碎片与整合之间的反思与厘定

党的十九大报告明确提出要努力建设美丽中国，建设生态文明是中华民族永续发展的千年大计。其中更是第一次提出要"实施乡村振兴战略"。早在 2016 年 4 月，习近平总书记在农村改革座谈会上就强调："中国要强农业必须强，中国要美农村必须美，中国要富农民必须富。"习近平生态文明思想秉持和蕴含着构建城乡生态一体化的宏旨要义，强调必须树立和践行生态文明均衡发展的系统整体观，要统筹协调好工业化、城镇化、信息化同现代农业、农村与农民发展之间的关系，走一条生态优先的中国特色农业现代化道路。

长期以来，受制于财政分权体制与基于 GDP 的官员晋升激励模式，我国现行行政体制的分割性和环境治理的属地化管理原则打破了区域生态文明建设的整体性和系统性特征，加之排污成本和治污收益的非对称性，跨域环境治理容易产生"地方保护主义""各扫门前雪"和环境负外部性恶化等难题。为保障区域生态权益的均衡配置，习近平生态文

明思想富有创造性地以重塑绿色空间格局为基本线索，统筹推进区域发展和生态文明建设。习近平生态文明思想真正把握了区域特殊逻辑，通过完善生态补偿制度、建立环保政绩考核体系、区域生态环境共保联治、实行生态环境空间管制以构建新时代中国特色社会主义绿色空间格局等，从而走出"局部改善，整体恶化"的生态怪圈，实现生态文明建设的区域环境正义。

1.1.5.4　国内与国际之间全球环境治理困局的应对和处置

保护生态环境是全人类面临的共同责任与共同挑战，特别是进入全球化时代，全球环境共治模式将会以前所未有的广度和深度加速推进。然而，美国退出《巴黎协定》、日本福岛核废水倾入太平洋等一系列层出不穷的"逆全球化"环境危机事件无不挑战着全球环境治理观，全球环境治理体系也因此面临被架空的潜在风险。在全球生态环境治理视域下，习近平生态文明思想运用中国智慧将人与自然关系的生态重构拓展至全人类，提出"构建人类命运共同体"这一引领时代的新理念新思想。"构建人类命运共同体"是对国内外生态思想的创新性发展和创造性转化，充分彰显了为实现人类可持续发展所擘画的中国担当。人类命运共同体思想的历史性出场不仅揭露出资本逻辑主导发展导致的现实问题，而且是对资本主义内在反生态发展模式的批判和超越。其核心是将"互惠共赢"落实到全球生态实践中，建设一个远离污染、共生共存、清洁美丽的世界。

1.1.6　长三角一体化发展对生态环境高水平保护的要求

长江三角洲（以下简称长三角）地区是我国经济发展最活跃、开放程度最高、创新能力最强的区域之一，是"一带一路"与"长江经济带"的重要交汇地带，在国家现代化建设大局和全方位开放格局中具有举足轻重的战略地位。站在长三角区域一体化的角度，率先实现高质量发展和生态环境根本好转，打造美丽中国建设的先行示范区，既是实现区域生态环境共保联治、共享共赢的应有之义，也是为全国生态环境保护和美丽中国建设探索有益经验的重大战略举措。2018年11月5日，习近平主席在首届中国国际进口博览会开幕式上宣布，支持长江三角洲区域一体化发展并上升为国家战略。2020年8月20日，习近平总书记在合肥主持召开扎实推进长三角一体化发展座谈会时强调，推动长三角一体化发展不断取得成效，明确长三角地区是长江经济带的龙头，不仅要在经济发展上走在前列，也要在生态保护和建设上带好头。

2023年11月30日，习近平总书记在上海主持召开深入推进长三角一体化发展座谈会，肯定了长三角一体化发展战略提出并实施5年来，现代化产业体系加快建立，区域协调发展取得重大突破，生态环境共保联治扎实推进，强调推动长三角一体化发展取得新的重大突破，在中国式现代化中走在前列，更好发挥先行探路、引领示范、辐射带动作用。要求紧扣一体化和高质量两个关键词，做好"四个统筹"（其中之一为统筹生态环保和经济发展），部署推进区域一体化的"五大任务"（其中之一为加强生态环境共保联治）。

总书记进一步指出，长三角区域要加强生态环境共保联治。加强三省一市生态保护红线无缝衔接，推进重要生态屏障和生态廊道共同保护，加强大气、水、土壤污染综合防治，深入开展跨界水体共保联治，加强节能减排降碳区域政策协同，建设区域绿色制造体系。要全面推进清洁生产，促进重点领域和重点行业节能降碳增效，做强做优绿色低碳产业，建立健全绿色产业体系，加快形成可持续的生产生活方式。要建立跨区域排污权交易制度，积极稳妥推进碳达峰碳中和。要健全生态产品价值实现机制，拓宽生态优势转化为经济优势的路径。

因此，党和国家是把长三角一体化发展放到国家发展大局中去定位思考，放到引领带动全国高质量发展中去布局谋划，发挥好经济增长极、发展动力源、改革试验田的作用，更好支撑和服务中国式现代化。

1.2　安徽省生态环境高水平保护的重要性

1.2.1　安徽省在国家生态环境保护战略中高水平保护的需求

当前，我国生态环境保护战略是以人与自然和谐共生的现代化和美丽中国建设为统领，以改善生态环境质量为核心，以精准治污、科学治污、依法治污为工作方针，统筹产业结构调整、污染治理、生态保护、应对气候变化，协同推进降碳、减污、扩绿、增长，推动经济社会发展绿色转型，持续深入打好蓝天、碧水、净土保卫战，加强生态保护与修复监管，切实防范生态环境风险，不断健全现代环境治理体系。到 2035 年，我国将基本实现现代化，生态环境根本好转，美丽中国目标基本实现。到本世纪中叶，我国将建成富强民主文明和谐美丽的社会主义现代化强国，美丽中国全面建成。我国生态环境保护战略目标在不同时期有着不断渐进的过程，这就要求安徽省在不同时期采取不同的生态环境高水平保护策略与方法。

自 2017 年国家开展生态文明示范创建工作至今，安徽省已累计创成国家生态文明建设示范区 19 个，"绿水青山就是金山银山"实践创新基地 8 个，数量位于全国前列。同时，安徽省已创建省级生态文明建设示范区 40 个。安徽省森林覆盖率达到 30.22%，超过区域生态状况良好的国际公认水平，支撑长三角生态屏障的作用更加明显。安徽合肥、马鞍山、铜陵三市已跻身"十四五"时期国家级"无废城市"建设行列。安徽省生态保护与建设工作取得了很大成就，但随着生态文明示范创建工作的深入，国家生态文明建设示范区及"绿水青山就是金山银山"实践创新基地的要求越来越高，如果不在环境管理体制机制上推陈出新，不在创建水平上精益求精，很难在生态文明创建工作中保持在前列，这就需要不断体现生态环境高水平保护举措与策略。

要实现污染防治攻坚战目标，深化重点地区大气污染治理攻坚是绕不过去的一道坎。

"十四五"时期以来,有 22 个城市的苏皖鲁豫四省交界处(涉及安徽省亳州、阜阳、淮北、宿州四市)大气污染治理成为各界关注的热点。该地区各城市重污染天气过程高度一致,具有典型的区域性污染特征,与京津冀及周边地区、长三角地区两大重点区域间存在明显的传输影响。同时,该地区结构性问题突出,钢铁、煤炭、焦化、水泥、石化等传统产业产能大,区域煤炭总消耗量大,单位面积煤炭消耗强度高。此外,物流业以公路运输为主,道路扬尘、矿山开采扬尘管控不到位。污染没有边界,治理需要协同,苏皖鲁豫交界处的各市要协同发力,围绕产业结构、能源结构、交通运输结构、用地结构等调整转型,强化源头治理、系统治理,真正把污染治理和环境监管的"洼地"变成生态环境和高质量发展的"高地"。这同样是需要采取高水平生态环境保护措施的典型案例。

1.2.2 安徽省在国家区域发展战略中生态环境高水平保护的需求

1.2.2.1 长江经济带发展的需求

长江经济带覆盖上海市、江苏省、浙江省、安徽省、江西省、湖北省、湖南省、重庆市、四川省、云南省、贵州省 11 省市,土地面积约为 $205×10^4\ km^2$,占全国陆域土地面积的 21.4%。2019 年常住人口约 6 亿,占全国总人口的 42%;地区生产总值约 46 万亿元,占国内生产总值的 46%。长江经济带发展是国家区域协调发展的重大战略之一,国家相继印发和出台了《长江经济带发展规划纲要》《长江经济带生态环境保护规划》和《中华人民共和国长江保护法》等。习近平总书记于 2016 年、2018 年、2020 年和 2023 年分别在重庆、武汉、南京和南昌召开了四次长江经济带发展座谈会,从"共抓大保护,不搞大开发"到"长江经济带高质量发展",从"推动""深入推动""全面推动",再到"进一步推动",透过这四次座谈会不难看出,长江经济带发展既是步步深入、提质升级,也是稳扎稳打、久久为功。同时,每次座谈会总书记均要提到坚持"生态优先、绿色发展"。尤其是南昌座谈会上,总书记特别指出,要把产业绿色转型升级作为重中之重,加快培育壮大绿色低碳产业,积极发展绿色技术、绿色产品,提高经济绿色化程度,增强发展的潜力和后劲。

在新时期新形势下,长江经济带水环境质量巩固和进一步改善的难度增大,水生态系统保护和恢复历史欠账多,新增压力大,生态环境形势依然严峻。长江经济带经济增长与主要污染物排放总体上实现了"脱钩",水环境质量显著改善,但水生态保护形势严峻,水陆统筹、上下游协同、水土固共治的机制亟待加强,科技创新对生态环境保护的系统综合支撑不足,生态环境治理体系和治理能力现代化还不能满足国家和地方生态环境保护要求。当前,长江经济带生态环境保护工作已经进入攻坚期、关键期和窗口期,以常规污染物为表征的部分湖库和支流以及长江口环境质量改善的成果并不稳固,持久性有机物、危险化学品、生物多样性下降、生境破碎化等一些新生态环境问题日益凸显,生态环境安全状况不容乐观。

根据《全国生态状况变化（2015—2020 年）调查评估报告》，2015 年与 2020 年对比，长江经济带植被生态质量持续提高，沿江废弃矿山修复工程成效显著，但长江局部自然岸线受到侵占和干扰，中下游蓄滞洪区湖泊面积持续萎缩，部分湖泊水生植被质量下降。因此，"十四五"时期长江经济带生态环境保护的战略从以水环境质量改善向水生态环境安全健康转变，这种战略需求的转变要求生态环境保护从单一要素、单一指标、部分区域的分散治理转向水生态环境系统的综合治理，以推动系统整体的保护修复。长江经济带（安徽）生态环境保护在秉持此种治理思路基础上，考虑当前经济普遍下行和未来预期继续下行的情景，实施科技创新战略，充分发挥科技创新在解决深层次、复杂性矛盾和问题中的支撑作用，实现生态环境科学保护和精准修复，提高生态环境保护的效率和效益，以较小的经济代价获得较好的生态环境保护成效。这些均是新时期生态环境高水平保护的应对之策。

1.2.2.2　长三角一体化发展的需求

从 2018 年长三角一体化发展上升为国家战略至今，长三角地区作为长江经济带的龙头，已经成为提升国家综合实力、带动全国经济发展的重要引擎，是全国率先全面建成小康社会、率先基本实现现代化的优先示范区。习近平总书记于 2020 年和 2023 年分别在合肥、上海主持召开两次推进长三角一体化发展座谈会，从"扎实推进"到"深入推进"，从"在生态保护和建设上带好头"到"加强生态环境共保联治"，对长三角一体化发展过程中生态环境高水平保护提出了更高要求。与此同时，从 2014 年开始，长三角三省一市相继建立"长三角区域大气、水环境污染防治协作机制"和"长三角区域环境应急、固体废物联防联治合作机制"等，并根据《长江三角洲区域生态环境共同保护规划》（2020 年）要求，在"生态共同保护""环境联防联治""绿色高质量发展"三个领域部署了生态环境保护和体制机制建设任务，生态环境保护各项工作正在稳步推进中。

根据《全国生态状况变化（2015—2020 年）调查评估报告》，2015 年与 2020 年对比，长三角自然生态系统质量稳中有升，生态空间保护措施不断完善，区域生态环境保护体系逐步形成，但长三角生态空间面积占比偏低，整体性和系统性保护不足。同时，由于缺乏总体保护规划和科学、系统、规范的自然保护地管理体系，跨省域的丘陵山地、河湖水系以及各类保护地在保护管理与开发程度等方面不协调，生态空间的整体性和系统性保护不足。

在针对长三角一体化发展生态环境问题分析基础上，发现长三角地区生态环境保护的任务主要体现在环境联防联治、生态共同保护、生态环境协同监管三个方面。其中，在环境联防联治方面，水环境重点关注跨界河流、湖泊等水体的治理修复；大气环境重点关注能源消费双控和重点行业超低排放改造以及挥发性有机物（VOCs）等污染物治理，并做好区域重大活动的大气污染防控保障；固废防治主要关注跨界转移、综合处置利用等方面。在生态共同保护方面，遵循习近平总书记"山水林田湖草沙"系统治理的理念，主要是从保护重要生态空间和重要生态系统两个角度考虑。在生态环境协同监管方面，围绕流域区域生态补偿机制、生态产品价值实现机制、环境治理联动机制、环境监测预警应急机制等方面展开。可见，需理性分析新时期长三角地区生态环境保护存在的问题，正确处理高质量发展和高水平保护的关系，站在人与自然和谐共生的高度谋划发展，通过高水平生态环境保护，共建新时期美丽绿色长三角。

1.2.3 安徽省生态环境保护现状及面临的挑战

1.2.3.1 安徽省生态环境保护现状

一是环境污染防治成效显著。空气环境质量连创有监测记录以来最高水平，2022 年全省 $PM_{2.5}$ 平均浓度 34.9 μg/m³、比 2015 年首次监测时下降 1/3，"雾霾灰"变成"常态蓝"。地表水国考断面水质优良比例达 86.1%，劣 V 类断面全面清零，长江干流水质稳定在 II 类，2022 年巢湖蓝藻密度达 10 年来最低值。土壤污染管控显著加强，环境状况总体稳定。"十三五"时期以来危险废物利用处置能力翻了一番。二是生态系统保护修复成效显著。森林覆盖率从 27.53% 提升到 30.22%，超过 30% 区域生态状况良好的国际公认标准，"安徽绿"贡献了长三角森林面积的 1/3。生物多样性持续改善，扬子鳄等珍稀濒危物种的野外种群数量稳中有升；江豚跃长江成为风景；"鸟中国宝"东方白鹳 2016 年首次过境巢湖只有 3 只，2022 年已超过 1 000 只。三是发展方式绿色转型成效显著。战略性新兴产业产值增长 3.5 倍，碳排放强度降低 21.3%、单位国内生产总值（GDP）能耗下降 31%，以年均 4.1% 的能源消费增速支撑了年均 7.9% 的经济增长。清洁能源消费持续扩大，煤炭消费占能源消费比例下降 14%，2022 年可再生能源发电量 520 亿 kW·h，是 2012 年的 10 倍。四是生态环境治理体制机制改革成效显著。林长制、新安江生态保护补偿机制成为全国样板，率先开展省级生态环境保护督察，建立突出生态环境问题整改奖惩制度。十年来，全省财政生态环保投入 2 410 亿元，是上个十年的 4.4 倍；建设美丽乡村 1.18 万个，新增城市绿道 5 000 km、城市绿地 2 亿 m²。一些地方从污水横流、垃圾乱扔变为水清岸绿、鸟语花香，以及推门见绿、开窗见景，生态环境由民生之患、民心之痛变为最普惠的民生福祉。

1.2.3.2 安徽省生态环境保护面临的挑战

目前，安徽省生态环境保护历史欠账尚未还清，稳中向好的基础还不牢固，量变到质变的拐点尚未到来，主要体现在四个方面。环境质量方面，$PM_{2.5}$ 浓度比全国平均水平高 5.9 μg/m³，近三年排在全国第 21～24 名，在长三角地区排名靠后；一些流域水生态环境问题还很突出，特别是淮河流域水质不稳定，2022 年水质优良比例比全省平均水平低 10.5 个百分点；部分化工园区、生活垃圾填埋场等的土壤和地下水污染整治任务依然艰巨。生态保护方面，部分自然保护地重叠设置、多头管理，优质生态产品供给能力不足，绿水青山转化为金山银山的路径还不够宽。基础设施方面，城乡污水管网建设差距较大，城市生活污水集中收集率为 61.8%，农村为 25.6%，分别比全国平均水平低 7.6 个百分点和

5.4 个百分点。群众感受方面，群众对优美生态的期望值越来越高、对环境问题的容忍度越来越低，省"两办"的"民声呼应"平台中的 336 个问题中，环保类事项有 41 个，在所有投诉事项中排第 4。2022 年安徽省生态环境厅汇总群众投诉的餐饮油烟、恶臭异味、噪声扰民问题超 12 万件。

以上问题的产生，与安徽省生态环境保护面临的多重压力密切相关：一是产业结构偏重。2022 年，安徽省煤电、钢铁、建材、化工、有色、石化六大高耗能行业贡献了 33% 的规模以上工业增加值，能耗却占到了 88%。二是能源结构偏煤。煤炭消费占能源消费比重为 66.2%，比全国平均水平高 10 个百分点；煤炭消费对 $PM_{2.5}$ 浓度的平均贡献度约 28%，相当于 34.9 $\mu g/m^3$ 的平均浓度中，约有 9.8 μg 来自煤炭。三是运输结构偏公路。公路货运量占 62.4%，水路占 36.6%，铁路仅占 2%，公水、铁水联运滞后，1.9 万台中重型货车成为主要的移动污染源。四是资源压力较大、环境容量有限。人均水资源为全国平均水平的 60.3%，人均森林面积为全国的 43.6%。在当前经济恢复基础尚不牢固的形势下，个别地方重走粗放发展老路、忽视环境保护的思想有所抬头。五是工业化、城镇化尚未完成。未来一段时间内，能源需求仍将保持刚性增长，保供压力及降碳压力都不小。预计在"十四五"期间，安徽省新增能源需求将达到 4 320 万 t 标煤，而可用能耗增量仅为 3 730 万 t，缺口达 590 万 t。

因此，安徽省生态环境保护仍处于压力叠加、负重前行的关键期，补齐生态保护欠账、解决突出生态环境问题的攻坚期，推进绿色低碳转型、加快建设山水秀美生态强省的跃升期，需要以更高站位、更宽视野、更大力度抓好生态环境保护工作，着力发挥生态环境高水平保护的作用，深入打好污染防治攻坚战，全面推进美丽安徽建设。

1.3　安徽省生态环境高水平保护的重要方面

生态环境保护的目标是通过合理的资源利用、减少污染、恢复生态系统功能，以及加强绿色发展等，实现人与自然和谐共生，确保当前和未来世界的可持续发展。高水平的生态环境保护是一项全面、系统的工程，需要政府、企业、社会各界的共同参与。其实，生态环境高水平保护与生态环境保护的实质性内容一致，是现今生态环境保护形势的一种必然选择。

安徽省生态环境高水平保护的内容丰富多样，通过生态环境高水平保护，推动经济社会发展全面绿色转型，为高质量发展提供绿色发展动能。本书从生态环境共保联治、生态空间保护与建设、空气质量改善路径、皖北生态产品价值实现四个方面，深入阐述了安徽省生态环境高水平保护的具体政策、措施、机制、路径等，以期为其他地区相类似研究提供借鉴和参考。

1.3.1　长三角地区生态环境共保联治

长三角地区是中国经济最发达、城镇集聚程度最高的城市群，是现代化程度最高的区域之一。2019 年 12 月 1 日，中共中央、国务院联合印发了《长江三角洲区域一体化发展规划纲要》，该纲要将强化长三角地区生态环境共保联治摆在了重要地位，明确指出各行政区域要共同加强生态保护，积极推动生态环境协同共治和协同监管。建立长三角生态环境保护共同体，实现长三角生态环境治理一体化是深入落实长三角一体化发展战略的重要内容，也是构建国家生态环境安全型社会极其关键的一环。近年来，随着长三角地区经济的高速发展，生态环境也显露出诸多问题，区域内绿色发展不平衡加剧，大气污染严重、水环境治理成效不显著、资源能源紧缺、创新投资不足等问题凸显，长三角地区生态环境共保联治迫在眉睫。

2023 年 7 月 26 日，中国共产党安徽省第十一届委员会第五次全体会议召开，在重点任务举措中要求"坚持主动靠上去、全力融进去，在加快推动长三角一体化发展上展现更大作为"。尤其是在协同推进生态环境共保联治方面，提出联合开展长三角大气污染综合治理，深化区域重污染天气联动应对；健全跨界河湖联防联控机制、长三角联合执法工作机制；加强固废危废联防联控，建立非法转移倾倒案件办理协作机制；建设新安江—千岛湖生态保护补偿样板区，探索资金、技术、人才、产业相结合的补偿模式等一系列生态环境高水平保护举措。

长三角地区既要发挥其作为长江经济带建设的经济龙头作用，也要展现生态环境治理一体化的示范效应，推动长三角高质量一体化发展，更好地引领长江经济带发展，为全国生态环境治理一体化提供更多可复制可推广的区域生态环境共保联治成果。然而，长三角各省（市）之间、省（市）内部在自然资源禀赋、经济社会状况、生态环境治理等方面存在较大的差异。在三省一市中，安徽省起到承接东西的作用，拥有广大的内陆腹地区位优势和天然生态优势，其重要性不言而喻。安徽省作为长三角地区的后花园和重要的生态屏障，研究其如何更好地融入长三角生态环境治理一体化，更好地发挥区域生态环境共保联治作用，对长三角高质量一体化发展具有重要的现实意义。

1.3.2　安徽省生态空间保护与建设

生态空间是指以提供生态系统服务或生态产品为主导功能，为生态、经济和社会长远发展提供重要支撑作用的空间范围。生态空间须具备三个基本条件，一是在土地属性上，以林、草、湿地等生态用地为主；二是在功能上，以提供生态系统服务为主；三是在作用上，为生态保护和经济社会发展提供生态支撑。新时期，国家生态空间格局保护的策略是优化国土空间开发格局，守牢国土空间开发保护底线，统筹优化农业、生态、城镇空间布局，坚守生态保护红线，强化执法监管和保护修复，确保面积不减少、功能不降低、性质不改变。加快建设以国家公园为主体、以自然保护区为基础、以各类自然公园为补充的自然保护地体系，把有代表性的自然生态系统和珍稀物种栖息地保护起来，着力提升生态系统多样性、稳定性、持续性。

在生态文明建设和山水林田湖草沙生命共同体理念的背景下，以系统思维治理生态问题越发重要，而生态空间格局的划定与保护是系统解决生态问题的重要手段。在国土空间规划中，强调空间的精细化落地与管控，生态安全格局构建中所涉及的重要生态源地、生态节点以及生态廊道，都可以通过精细化的空间识别，应用到国土空间保护格局中，丰富目前的生态保护红线和自然保护地所组成生态空间管控体系。不同于生态保护红线一经划定便实施严格保护，生态空间（除去生态保护红线的区域）与城镇空间、农业空间在符合一定的管理规范条件下，可按照资源环境承载能力和国土空间开发适宜性评价，根据功能变化状况进行动态的相互转化。

在国土空间开发格局优化的政策导向下，加强生态空间保护和建设显得尤为重要。尤其是构建科学合理的生态空间格局，保护最重要的生态空间是科学管控人类行为、理顺保护与发展关系、降低人为活动与生态保护冲突的基础。在长三角一体化发展中，在保障经济社会高质量发展的同时，优化生态空间格局，进一步加强生态系统保护和修复力度，保护安徽省在长三角地区的生态屏障作用，可对整个长三角地区的生态安全格局产生积极影响。

1.3.3　安徽省空气质量改善路径

生态环境保护的主要内容包括持续改善生态环境质量、打赢污染防治攻坚战、推动绿色低碳发展、构建生态安全格局、健全生态文明制度，协同推进生态环境高水平保护和经济高质量发展等。空气质量改善是生态环境保护工作的重要组成部分，党的十八大以来，安徽省全面实施《大气污染防治行动计划》，推进蓝天保卫战，积极融入长三角一体化，空气质量得到了显著改善。但总体上，安徽省当前空气环境质量持续改善的成效并不稳固，皖北城市 $PM_{2.5}$ 浓度仍然偏高，沿江城市 O_3 浓度出现持续上升趋势，大气污染防治的形势依然严峻。

近年来，随着大气治理措施的实施以及环境治理体系与治理能力的提升，我国颗粒物污染得到了有效控制，但是由于 O_3 与其前体物复杂的非线性关系及各地区对挥发性有机物排放管理较为薄弱等，O_3 浓度不降反升，其与 $PM_{2.5}$ 形成的复合型污染成为我国空气污染新形势。O_3 浓度变化不仅与其前体物氮氧化物（NO_x）、VOCs 等密切相关，与温度、相对湿度、气压、日照时数等气象因素也存在很强的关联性，尤其在长三角等人口密集地区体现更为显著。安徽省沿江地区各市 O_3 污染尤其严重，目前已成为空气污染首要污染物，统筹 $PM_{2.5}$ 与 O_3 协同治理，已成为大气污染防治工作的重中之重。

另外，长三角地区大气污染时空分异特征表明，长三角大气的区域复合型污染特点比较显著，大气污染的"空间溢出效应"和"区域集聚效应"特征意味着区内"单边"或"盲目多边"防控行为会因为区域大气污染的"泄漏效应"而徒劳无获。因此，建立长三角地区大气污染治理联防联控机制，不仅仅是短期内服务于大型活动，如世博会、G20峰会、进博会等，还要建立大气污染治理联防联控长效机制，如重污染天气的协同应急减排、分析空气质量影响因素及制定防控策略时统筹考虑时空尺度效应等。

1.3.4 面向"四化同步"的皖北生态产品价值实现

皖北在安徽省发展中具有举足轻重的地位，没有皖北的跨越式发展，就没有安徽的高质量发展。2020年8月20日，习近平总书记在扎实推进长三角一体化发展座谈会上提出"增强欠发达区域高质量发展动能""夯实长三角地区绿色发展基础"等重要指示，要求针对欠发达地区出台实施更精准的举措，推动这些地区跟上长三角一体化和高质量发展步伐。2023年11月30日，习近平总书记在深入推进长三角一体化发展座谈会上强调要"坚定不移深化改革、扩大高水平开放，统筹科技创新和产业创新，统筹龙头带动和各扬所长，统筹硬件联通和机制协同，统筹生态环保和经济发展，在推进共同富裕上先行示范，在建设中华民族现代文明上积极探索，推动长三角一体化发展取得新的重大突破"。同时，提出"要推进跨区域共建共享，有序推动产业跨区域转移和生产要素合理配置，使长三角真正成为区域发展共同体"。可见，安徽皖北作为长三角地区经济欠发达区域，已迎来发展的良机。

为贯彻落实党中央、国务院有关决策部署，深入践行习近平生态文明思想，全面贯彻习近平总书记考察安徽时的重要讲话和在推进长三角一体化发展座谈会上的重要讲话精神，安徽省委、省政府统筹推进皖北"四化同步"发展（工业化、信息化、城镇化、农业现代化同步发展）和生态振兴工作。皖北"四化同步"也是"四化"融合的发展，是在注重生态环境保护与生态文明建设基础上的发展。

皖北地区人口众多、经济薄弱、环境问题突出，在全省的生态环境质量排名落后，持续改善的压力巨大。随着生态环境保护不断向前推进，皖北地区末端治理带来的生态环境改善空间越来越小，如果生态环境保护不能深入到经济系统中去主动引导和推动绿色转型发展，仅靠在其外围进行监管倒逼，那么经济系统绿色转型的速度和程度将难以满足持续改善生态环境质量的需要。因此，需要生态环境保护主动融入经济发展"内部"之中，把生态环境保护要求转化为经济高质量发展的基本内容，通过促进经济绿色发展达到保护和改善生态环境质量的目的。这就需要探索生态价值转化为经济价值的实现机制，即生态产品价值实现机制。

第2章

推进长三角地区生态环境共保联治

2.1 长三角一体化发展概述

2.1.1 长三角概述

长三角，即长江三角洲地区，位于中国长江的下游地区，濒临黄海与东海，地处江海交汇之地。根据2019年发布的《长江三角洲区域一体化发展规划纲要》，长三角地区包括上海市、江苏省、浙江省、安徽省全域，共41个城市。

长三角地区是中国经济发展最活跃、开放程度最高、创新能力最强的区域之一，在国家现代化建设大局和全方位开放格局中具有举足轻重的战略地位。推动长三角一体化发展，增强长三角地区创新能力和竞争能力，提高经济集聚度、区域连接性和政策协同效率，对引领全国高质量发展、建设现代化经济体系意义重大。

2.1.2 长三角一体化发展历程

长三角一体化发展战略，是基于长三角区域联动发展顺势而为提出并逐渐升级的。改革开放以来，长三角区域发展共经历了六个时期。

第一时期（1982—1983年），"上海经济区"初形成时期。1982年，国务院提出"以上海为中心建立长三角经济圈"。同年，国务院发出《关于成立上海经济区和山西能源基地规划办公室的通知》，正式确立上海经济区的范围是以上海为中心，包括苏州、无锡、常州、南通、杭州、嘉兴、湖州、宁波、绍兴等长江三角洲的9个城市。1983年，直属国务院、由国家计划委员会代管的上海经济区规划办公室成立，区域范围为上海市10个郊县；江苏省4个市（常州、无锡、苏州和南通）18个县；浙江省5个市（杭州、嘉兴、湖州、宁波和绍兴）27 个县。这是长三角经济区（城市群）概念的雏形。

第二时期（1984—1988 年），上海经济区扩大化时期。1984 年 12 月，国务院决定将上海经济区的范围扩大为上海、江苏、浙江、安徽、江西 4 省 1 市。1985 年 2 月，中共中央、国务院批转《长江、珠江三角洲和闽南厦漳泉三角地区座谈会纪要》，提出应该开放珠江三角洲和长江三角洲，进而陆续开放辽东半岛、胶东半岛，北起大连港，南至北海市，构成一个对外开放的经济地带。1987 年，上海经济区纳入福建，包括了除山东以外的整个华东地区，并随后制定出《上海经济区发展战略纲要》和《上海经济区章程》。1988 年 6 月 1 日，国家计划委员会撤销了上海经济区规划办公室，上海经济区告一段落。

第三时期（1989—2007 年），以江浙沪 16 个城市为主体的长三角城市群时期。1990 年 4 月 18 日，中共中央、国务院作出开发开放上海浦东重大决策，长三角区域一体化发展重新提上议事日程。1992 年 6 月，长江三角洲及长江沿江地区经济规划座谈会在北京召开，会议建立了长江三角洲协作办（委）主任联席会议，对长三角城市群的发展具有决定性的意义。1996 年，联席会议改为长江三角洲城市经济协调会。长江三角洲城市经济协调会最初包括上海、杭州、宁波、湖州、嘉兴、绍兴、舟山、南京、镇江、扬州、常州、无锡、苏州、南通 14 个地级市。1996 年泰州转为地级市，随后加入，2003 年台州市加入，以江浙沪 16 个城市为主体形态的长三角城市群最终得以形成。

第四时期（2008—2015 年），包含 2 省 1 市，共 25 个城市的长三角地区时期。2008 年 9 月 16 日，国务院颁布《关于进一步推进长江三角洲地区改革开放与经济社会发展的指导意见》，提出要把长三角地区建设成为亚太地区重要的国际门户和全球重要的先进制造业基地，以及具有较强国际竞争力的世界级城市群。2010 年 6 月 7 日，国家发展改革委发布《长江三角洲地区区域规划》，首次在国家战略层面上将长三角区域范围界定为苏浙沪全境内的 25 个地级市，主要是在原有 16 个城市的基础上，加进了苏北的徐州、淮安、连云港、宿迁、盐城和浙西南的金华、温州、丽水、衢州，原有 16 个城市列为长三角区域发展规划的"核心区"。

第五时期（2016—2017 年），包含 3 省 1 市，共 26 个城市的长三角城市群时期。2016 年 6 月 3 日，《长江三角洲城市群发展规划》发布，在 2 省 1 市 25 个城市的基础上去掉了江浙的一些城市，同时将安徽省的 8 个城市纳入长江三角洲城市群。该规划的范围包括了上海市，江苏省的南京、苏州、无锡、南通、泰州、扬州、盐城、镇江、常州，浙江省的杭州、湖州、嘉兴、宁波、舟山、绍兴、金华、台州，安徽省的合肥、芜湖、马鞍山、铜陵、安庆、池州、滁州、宣城，共计 26 个地级市。

第六时期（2018 年至今），长江三角洲 3 省 1 市全域一体化时期。2018 年 11 月 5 日，习近平主席在首届中国国际进口博览会开幕式上宣布，将支持长江三角洲区域一体化发展并上升为国家战略。2019 年 5 月 13 日，习近平总书记主持召开中共中央政治局会议，会议审议了《长江三角洲区域一体化发展规划纲要》。规划范围包括上海市、江苏省、浙江省、安徽省全域（面积 35.8 万 km²）。以上海市，江苏省南京、无锡、常州、苏州、南通、扬州、镇江、盐城、泰州，浙江省杭州、宁波、温州、湖州、嘉兴、绍兴、金华、舟山、台州，安徽省合肥、芜湖、马鞍山、铜陵、安庆、滁州、池州、宣城 27 个城市为中心区（面积 22.5 万 km²），辐射带动长三角地区高质量发展。以上海青浦、江苏吴江、浙江嘉善为长三角生态绿色一体化发展示范区（面积约 2 300 km²），示范引领长三角地区更高质量一体化发展。以上海临港等地区为中国（上海）自由贸易试验区新片区，打造与国际通行规则相衔接、更具国际市场影响力和竞争力的特殊经济功能区。由此，长三角掀开了新的发展篇章，长三角一体化也进入了一个全新时代。

2020 年 8 月 20 日，习近平总书记在合肥主持召开扎实推进长三角一体化发展座谈会并发表重要讲话时强调，要深刻认识长三角区域在国家经济社会发展中的地位和作用，结合长三角一体化发展面临的新形势新要求，坚持目标导向、问题导向相统一，紧扣一体化和高质量两个关键词抓好重点工作，真抓实干、埋头苦干，推动长三角一体化发展不断取得成效。2023 年 11 月 30 日，习近平总书记在上海主持召开深入推进长三角一体化发展座谈会，强调深入推进长三角一体化发展，进一步提升创新能力、产业竞争力、发展能级，率先形成更高层次改革开放新格局，以中国式现代化全面推进强国建设、民族复兴伟业，意义重大。

2021 年 3 月 1 日，《中华人民共和国长江保护法》正式施行，成为我国首部流域专门法律，为推动长江大保护和包括长三角在内的长江经济带高质量发展提供了有力法治保障。2021 年 6 月 18 日，长三角区域合作办公室发布《长三角地区一体化发展三年行动计划（2021—2023 年）》，推进长三角加快形成经济活跃强劲、创新能力跃升、营商环境优良、要素流动畅通、绿色美丽宜居、公共服务便利共享的一体化发展新格局。

2022 年 10 月，中国共产党第二十次全国代表大会在北京召开，习近平总书记在党的二十大报告中强调要深入实施区域协调发展战略、区域重大战略、主体功能区战略、新型城镇化战略，优化重大生产力布局，构建优势互补、高质量发展的区域经济布局和国土空间体系。鼓励东部地区加快推进现代化。推进长江经济带发展、长三角一体化发展。随着相关政策、规划的有序实施，长三角一体化发展也将一直稳定快速地向前推进。

2.2　长三角地区生态环境问题分析

2.2.1　长三角地区主要生态环境问题

2.2.1.1　环境质量不容乐观

尽管长三角地区大气环境主要污染物 PM$_{2.5}$ 近年来呈下降趋势，但与国家标准（35 µg/m³）及国际发达地区水平（10～20 µg/m³）仍有差距，区域性复合型污染问题突出，空气质量尚未全面达标，秋冬季重污染天气时有发生。特别是以 O$_3$ 为首要污染物的天数比例不断上升，已成为制约长三角地区空气优良天数比例持续提升的短板。区域地表水氮、磷污染问题相对突出，氨氮、总磷等生活污染物指标超标较为普遍。中央生态环境保护督察"回头看"在江苏省反馈意见中指出，其入江支流水质下降的主要原因就是氮、磷污染。"重化围江"仍然是长江大保护的突出问题，长江江面上每天都有大量运输危化品的船只航行，一旦发生泄漏事故，将对沿江饮用水源安全和社会稳定造成重大影响。太湖近两年东部湖区出现"藻进草退"的情况，蓝藻防控形势依然严峻。杭州湾、象山港等近岸海域水质受长江和洋流影响较大，水质不容乐观。根据中国环境监测总站发布的 2020 年 12 月全国地表水水质月报，巢湖全湖整体为中度污染，主要污染指标为总磷；总氮单独评价时，全湖整体为 V 类水质，其中，东半湖为 IV 类水质，西半湖为劣 V 类水质。太湖全湖整体为轻度污染，主要污染指标为总磷，其中，湖心区、西部沿岸区、北部沿岸区和东部沿岸区为轻度污染；总氮单独评价时，全湖整体为 IV 类水质，其中，东部沿岸区为 III 类水质，湖心区和北部沿岸区为 IV 类水质，西部沿岸区为劣 V 类水质。太湖营养状态评价表明，全湖整体为轻度富营养状态，其中，东部沿岸区为中营养；湖心区、西部沿岸区和北部沿岸区为轻度富营养。

2.2.1.2　区域经济发展结构及布局导致生态环境压力较大

长三角地区是我国重化工业、纺织、造纸、钢铁和装备制造等产业高度集聚的地区。各省（市）总体上呈现产业结构"重型化"、能源结构"煤型化"特征，导致区域总体尚未迈过环境高污染、高风险的发展阶段。例如，在重点建设的七大石化产业基地中，有三个（江苏连云港、上海漕泾、浙江宁波）布局在长三角地区。

安徽产业发展趋于资源化和重型化，环境效率低导致结构性矛盾突出。这种高耗能、高污染的产业结构加重了区域资源消耗与环境污染，并导致皖江地区万元 GDP 能耗、单位产值的废水排放率、单位工业总产值 SO₂ 排放率高于全国平均水平。江苏省"重化型"产业结构、"煤炭型"能源结构、"开发密集型"空间结构尚未改变，主要污染物排放强度超过全国平均水平。浙江省以煤炭为主的能源结构尚未根本改变，重污染高耗能产业比重较大，同时"低小散"企业数量众多，环境污染压力大。上海也同样呈现重化工产业集聚、能源结构以燃煤为主的特点。尤其是长三角沿江、沿海的重化产业布局密集、各类功能区布局犬牙交错，对区域生态环境安全造成一定风险，如杭州湾北岸的上海金山石化产业带和大学城、休闲度假区、城镇生活区呈现交错分布。

2.2.1.3　生态环境问题呈现一体化趋势

长三角地区自然地理条件接近，生态结构与功能地域特征相似，且区域内河网密布、相互交错，使长三角地区环境问题呈现"一体化"特征。例如，由于在有限的空间和自然水文条件下，流域水环境容量有限，当流域水环境污染物的承载量超出环境容量时，流域总体水环境质量便会恶化，出现"一损俱损"现象。同时，长三角地区人口密集，饮用水水源地众多，且大多取自于长江、太湖、黄浦江、新安江等流域跨界水体，流域的环境污染跨界输送，给区域饮水安全造成风险。与水污染风险相比，大气污染风险更难划分界限，大量能源消耗产生的一次污染物在城市间输送、转化、耦合，使长三角地区出现以多尺度关联为特征的复合型大气污染。近年来，安徽查出的多起固体废物污染事件也涉及江苏、浙江等省。因此，从生态环境管理角度来看，长三角地区是一个不可分割的整体，在水、大气、土壤及固废等各个方面相互关联且影响日益加大。

2.2.1.4　环境污染联防联控仍然面临诸多挑战

（1）大气污染联防联控

长三角三省一市经济发展不平衡，各地发展与环境之间的矛盾冲突各异，政府和民众对经济增长、社会发展和环境保护的诉求也呈现多元化和差异化。面对有限的区域大气容量资源以及各自的空气质量需求，难免引起地区间在发展权益与环境保护之间的利益冲突。同时，由于缺乏坚实的科学支撑，区域性污染机理不清，区域污染排放底数不清，因此无法实现科学化、目标化和定量化的区域联防联控管理目标，也无法区分各地责任。另外，长三角地区的重污染天气预警标准体系尚未完全统一，也难以形成区域内预警联动的污染削峰合力。而长三角地区之间的空气质量预报视频会商系统建立在原环境保护部内网基础上，存在网络带宽限制，也时常影响视频会商的正常开展。

（2）水污染联防联控

跨界水污染联防联控工作要统筹协调多个行政区域的政府以及环保、水利、交通、住建等部门，需相互通报闸坝调控、水质、水量变化以及工作开展情况，并商讨跨界水污染防治工作。截至 2020 年年底，长三角区域仍有部分地区尚未落实跨界联防联控协议中的会商制度，信息互通不及时。目前，在落实跨界联防联控协议内容时，虽然大部分跨界地区能够开展联合监测，但只有少数区域能够实施联合执法。另外，由于长三角地区不同省市之间，存在不同的水污染物地方排放标准和水环境管理要求，因此发达地区淘汰的工业企业转移进入安徽省，形成打着产业转移旗号的"污染转移"，尤其在安徽省宣城市和滁州市，此类问题一直存在。

（3）固体废物污染联防联控

"十三五"时期以来，跨省非法转入安徽省的固体废物案件高发、频发，且大部分来自长三角地区其他省市。自 2018 年以来，安徽省经过部门联合专项整治、固废大排查和清废行动三个轮次的专项检查，省公安、检察、生态环境等部门紧密协作，共侦办环境污染刑事案件 82 起，抓获犯罪嫌疑人 226 人。但是，由于打击固体废物非法倾倒、转移的长三角联防联控机制尚未有效建立，加上固废管理标准和管理要求区域内存在不完全一致的情况，在处置固体废物非法倾倒、转移案件时，长三角地区协调工作存在一定困难。

2.2.1.5　区域生态格局与功能胁迫加剧

近几十年来，区域城镇化、工业化进程快速推进，导致生态空间被逐渐蚕食，生态系统服务功能减弱，生态格局与功能胁迫加剧。安徽省湖泊湿地的洪水调蓄能力下降、生物多样性减少，省内三大流域特别是皖江地区的生物多样性面临严重威胁。山区水土流失状况严峻，尤其是受人类活动影响的低丘浅山区。安徽省目前水土流失面积 12 039.48 km²，占国土总面积的 8.59%，主要集中在皖西大别山区和皖南山区。上海市受城市扩张影响，生态用地面积比例从 2000 年的 74% 下降至 2013 年的 57%。同时，受滩涂圈围等人类活动影响，上海 1 m 线以上滩涂面积较 1987 年萎缩 62.5%，加上水体污染、外来植物入侵等问题，全市生物栖息地生境遭到破坏，本地生物物种减少，生态系统服务功能下降。

2.2.1.6　污染末端治理边际成本上升

长三角地区作为全国经济发达地区，近年来环境基础设施建设上投入力度大，城镇污水处理、大气污染治理、垃圾无害化等环境基础设施建设已基本完善，而通过末端治理进一步改善环境的空间越来越小，边际成本越来越大，未来区域环境质量持续改善难度加大。总的来说，环境基础设施还有进一步提升的空间，固体废物综合利用、污水处理厂污泥处置、雨污混接改造、农村生活污水处理、垃圾资源化利用等方面还需进一步完善。

2.2.2　安徽省主要生态环境问题

2.2.2.1　工业发展资源化重型化，结构性矛盾突出

安徽省地区生产总值从 2005 年的 5 350 亿元到 2020 年的 38 681 亿元，上升了 6 倍多；三次产业结构也从 2005 年的 18∶42∶40 调整为 2020 年的 8.2∶40.5∶51.3，其中第一产业比重持续下降，第二产业比重渐趋合理，第三产业持续增加。安徽省皖江地区（包括合肥、芜湖、马鞍山、铜陵、安庆、池州、宣城、滁州、六安 9 个市，其中六安只涉及金安区和舒城县）10 余年来经济发展较为显著，GDP 在全省占比已从 2005 年的 44.4% 上升到 2020 年的 70% 以上，而第二产业产值在全省占比高达 75% 以上。其中，重工业比重明显偏高，结构重型化特征突出，高耗能、高污染的产业结构加重了区域资源消耗与环境污染。

虽然自 2005 年以来，皖江地区万元 GDP 能耗、单位工业产值的 COD 和 SO₂ 排放强度都有较大幅度的降低，但仍高于全国平均水平。例如，马鞍山作为皖江地区重要的钢铁基地，区域万元 GDP 能耗最高；滁州是万元工业产值废水排放量较高的地区，达 5 t/万元以上；冶金和建材工业相对集聚的铜陵和池州等地，工业 SO₂ 排放强度虽有所降低，但也高于全国平均水平，在 5 kg/万元以上。区域产业资源环境效率较低，进一步加剧结构性矛盾，加上产业结构调整和经济结构转型缓慢，对该区域污染物减排和环境质量改善带来了很大压力。

2.2.2.2　重点产业、工业园区布局不合理，环境安全形势严峻

安徽省皖江地区中，合肥、芜湖两市工业发展相对较好，2020 年全市生产总值分别达到 10 046 亿元和 3 753 亿元，而其他市经济规模大多在 3 000 亿元以下。在区域工业发展的极化-扩散进程方面，向省会城市极化特征仍占主导，区域中心城市（如芜湖市）的辐射扩散效应尚未显现。在具体产业分布上，石化、装备制造、钢铁、有色冶金和高新技术

产业偏向于极化分布，主要分布在资源富集地区与区域中心城市；而食品、造纸、建材、纺织、化工等产业分布较为分散，对生态环境造成了较大的压力。

从国家、地区发展战略的引导来看，安徽省皖江地区将成为新一轮城镇化和工业化发展的热点地区。目前，工业园区已经成为地区工业布局的主要载体，存在土地利用效率不高、产业层次低、未形成集聚优势等问题，其沿江、沿湖的集聚分布，极大增加了江、湖的环境风险（其中沿长江布局的省级以上工业园区有 39 个，沿巢湖布局的工业园区有 14 个）。根据《中国开发区审核公告目录》（2018 年版），安徽省共有省级以上工业园区 117 个，占地总面积达到 935 km² （不包括市、县级工业园区及其乡镇工业集聚区），其中化工园区 14 个，分布在皖江地区的高达 9 个。沿江布局的大量化工园区，使皖江地区成为我国化工产业较为密集的地区之一。

据调查，部分落后的化工企业表现出向化工园区转移的趋势，部分入园项目规模小、档次低、污染重，成为阻碍区域可持续发展的黑色 GDP。此外，皖江地区危险废物的焚烧填埋处置能力不足，超期超量贮存危险废物导致环境安全隐患日渐突出，危险废物非法转移和倾倒频发，这都对沿江地区的环境安全带来严重挑战。

2.2.2.3　地表水环境质量改善困难，巢湖和淮河流域问题突出

近年来，安徽省地表水水环境质量稳步提升，2020 年全省 321 个国控、省控地表水监测断面（点位）中，水质优良（Ⅰ～Ⅲ类）监测断面（点位）占比 76.3%，同比上年上升 3.5 个百分点，相比 2015 年上升 6.7 个百分点。然而，除长江流域水质能达到规划目标外，淮河与巢湖流域总体水质距离规划目标仍有一定的差距。

淮河流域同比 2019 年，水质总体好转，其中Ⅰ类水质断面比例下降 0.6 个百分点，Ⅱ类上升 0.4 个百分点，Ⅲ类上升 11.6 个百分点，Ⅳ类下降 10.4 个百分点，Ⅴ类下降 0.6 个百分点，劣Ⅴ类下降 0.5 个百分点。2020 年巢湖水质总体仍为轻度污染，主要污染指标为总磷。淮河与巢湖流域存在的主要水环境问题仍然是入河（湖）支流水质较差。2020 年，淮河支流总体水质状况为轻度污染，尤其是入境支流水质相对较差。巢湖 21 条环湖河流中，5 条为轻度污染、1 条为中度污染。巢湖的主要入湖河流如南淝河、十五里河等均穿城而过，由于流域建设规模急剧加大、人口快速增长，污水收集处理等市政基础设施难以做到全覆盖，支流的水质污染对湖体水质的改善带来了一定的压力。

2.2.2.4　空气质量形势严峻，城市群地区复合型污染问题较为突出

安徽省复合型污染问题较为突出，自 2015 年以来，安徽省未达标城市 PM$_{2.5}$ 年均浓度仍难以稳定达标，尤其 PM$_{2.5}$ 年均浓度高值主要集中在皖北地区；O$_3$ 日最大 8 小时平均浓度也存在不同程度的超标，浓度高值主要集中在皖北和江淮地区。在三省一市目标中，安徽省 2020 年 PM$_{2.5}$ 年均浓度及优良天数比例均与江苏相当。当前，安徽省正处于工业化、城镇化快速推进阶段，基础工业占较大比重，经济呈重型化特征。产业结构、交通运输结构短期内难以优化，工业结构偏重、能源结构偏煤是大气污染物排放量居高不下的主要原

因。安徽省公路货运量全国排名第三，水路货运量全国排名第一，铁路运输量全国排名第九。大量重型柴油运输车、船舶带来的尾气排放以及道路、码头扬尘污染，加剧了空气质量恶化。因此，复合型污染不断加剧，"十四五"规划确定的 $PM_{2.5}$ 年均浓度和优良天数比例两项指标的完成仍然面临较大压力。

2.2.2.5　核心生态功能退化，生态安全形势堪忧

（1）湖泊湿地洪水调蓄能力下降

历史上由于围湖造田，湖泊湿地严重退化。1960—1980 年泥沙淤积和盲目围垦是安徽省湖泊萎缩的主要原因。由于大规模围垦，省内许多湖泊湿地与长江和淮河的天然联系被阻断，湖泊迅速萎缩，湖泊洪水调蓄功能下降，长江、淮河汛期洪水风险增加，江湖最高洪水位高度不断被突破。近 20 年来，安徽省水域面积略有回升，但林草湿地萎缩，增加的湿地主要以人工水域湿地为主，主要是水利建设中的水库以及人工坑塘面积增加。同时，湖区人口增加，围垦、侵占等大量的活动导致林草湿地急剧减少，沿江、沿淮大型湖泊周边地区的林草湿地面积均出现不同程度的萎缩。

（2）生物多样性资源严重丧失

湿地生物多样性遭到破坏。安徽省三大流域的生物多样性正面临严重威胁，特别是皖江地区。河湖岸线开发、航道整治等工程，导致皖江四大家鱼产卵场均遭到破坏；航运的发展不仅严重干扰江豚的活动觅食，甚至会直接伤害江豚的安全。由于水质恶化以及人类过度捕捞，经济鱼类的种群数量下降得十分明显，其中洄游性鱼类更是因建坝导致江湖阻断而遭受巨大影响，种群数量明显降低；珍稀鱼类中，中华鲟和白鲟种群数量下降得十分显著，白鲟已处于灭绝边缘；此外，扬子鳄等长江特有水生动物也受到了严重影响。

森林生态系统结构和功能改善并不显著。近 20 年来，安徽省大规模的造林运动使森林覆盖率大幅提高，但其生物多样性保育仍存在一定问题：人工林面积大，天然林面积小，阔叶林面积萎缩；物种分布区收缩瓦解、遗传多样性低下，许多连续分布的物种沦为间断型；天然林呈孤岛状分布，致使生物种群形成地理隔离。属于地带性植被的常绿阔叶林群落在低丘地带已基本消失殆尽。

（3）局部山丘区水土流失严重

山区水土流失现状较为严峻。安徽省现有水土流失面积 12 039.48 km^2，占国土总面积的 8.59%，中度以上水土流失面积占水土流失总面积的 11.68%，流失严重的地区集中在皖西大别山区和皖南山区。水土流失已造成省内山区部分区域地面完整性破坏，引起流域河湖淤塞，干旱加剧等，削弱了生态系统的水源涵养能力，同时导致了土壤养分的严重流失和贫瘠化，直接影响农业生产。人类活动强度大，低丘浅山区水土流失加剧。受城市扩张的影响，一些城镇建成区边缘的低丘浅山区域，水土流失严重。早期粗放、无序、过度的矿产开发，导致矿区及周边水土流失严重。此外，全省坡耕地分布面积较大，部分区域在堤坡及河滩地垦殖，山地陡坡开垦以及顺坡种植，也加剧了水土流失。

2.2.2.6　饮用水源安全存在隐患，水环境风险防范体系薄弱

安徽省大量入河排污口分布在长江、淮河干流，形成相对集中的岸边污染带，放大了流域结构性污染的特征，严重威胁了饮用水水源地的水质安全，增加了流域水环境安全的压力和上下游突发性水污染事故的潜在风险。同时，城市群产业集群化发展，特别是长江"黄金水道"，带动了沿江航运物流业的迅猛发展，危险品运输逐年增加，也加大了突发性水污染事故的风险，成为流域用水安全和水环境质量的潜在威胁之一。

2.3　长三角地区生态环境共保联治目标与要求

2.3.1　长三角地区生态环境共保联治目标

2019 年 12 月印发实施的《长江三角洲区域一体化发展规划纲要》（以下简称《纲要》）指出，到 2025 年长三角一体化发展要取得实质性进展，生态环境领域基本实现一体化发展，全面建立一体化发展的体制机制。《纲要》要求生态环境共保联治能力显著提升，跨区域跨流域生态网络基本形成，优质生态产品供给能力不断提升。环境污染联防联治机制有效运行，区域突出环境问题得到有效治理。生态环境协同监管体系基本建立，区域生态补偿机制更加完善，生态环境质量总体改善。到 2025 年，细颗粒物（PM$_{2.5}$）平均浓度总体达标，地级及以上城市空气质量优良天数比例达到 80%以上，跨界河流断面水质达标率达到 80%，单位 GDP 能耗较 2017 年下降了 10%。

为贯彻落实《纲要》，生态环境部会同国家发展改革委、中国科学院编制了《长江三角洲区域生态环境共同保护规划》（以下简称《规划》），并于 2020 年 10 月由推动长三角一体化发展领导小组办公室正式发布。《规划》对长三角区域生态环境共保联治提出的目标是，到 2025 年，长三角一体化保护取得实质性进展，生态环境共保联治能力显著提升，绿色美丽长三角建设取得重大进展。绿色生产和生活方式加快形成。产业结构、能源结构、运输结构进一步优化，绿色产业健康发展，简约适度、绿色低碳、文明健康的生活方式得到普遍推广，单位 GDP 能耗、二氧化碳排放量持续下降。

区域生态环境质量持续提升。区域突出环境问题得到有效治理，PM$_{2.5}$ 平均浓度总体达标，地级及以上城市空气质量优良天数比例达到 80%以上，长江、淮河、钱塘江等干流水质优良，跨界河流断面水质达标率达到 80%，土壤安全利用水平持续提升，"无废城市"示范区域基本建成，核与辐射安全得到有效保障，生态保护红线得到严格管控，跨区域跨流域生态网络基本形成，生物多样性得到有效保护，生态系统服务功能稳步增强，优质生态产品供给能力不断提升。

区域生态环境协同监管体系基本建立。环境污染联防联治机制有效运行，区域生态补偿机制更加完善，生态环境治理体系和治理能力现代化水平明显提高。到 2035 年，生态

环境质量实现根本好转，绿色发展达到世界先进水平，区域生态环境一体化保护治理机制健全，长三角生态绿色一体化发展示范区成为我国展示生态文明建设成果的重要窗口，绿色美丽长三角建设走在全国前列。

2.3.2　长三角地区生态环境共保联治要求

2.3.2.1　共同加强生态保护

（1）合力保护重要生态空间

切实加强生态环境分区管治，强化生态保护红线区域保护和修复，确保生态空间面积不减少，保护好长三角可持续发展生命线。统筹山水林田湖草沙系统治理和空间协同保护，加快长江生态廊道、淮河-洪泽湖生态廊道建设，加强环巢湖地区、崇明岛生态建设。以皖西大别山区和皖南-浙西-浙南山区为重点，共筑长三角绿色生态屏障。加强自然保护区、风景名胜区、重要水源地、森林公园、重要湿地等其他生态空间保护力度，提升浙江开化钱江源国家公园建设水平，建立以国家公园为主体的自然保护地体系。

（2）共同保护重要生态系统

强化省际统筹，加强森林、河湖、湿地等重要生态系统保护，提升生态系统功能。加强天然林保护，建设沿海、长江、淮河、京杭大运河、太湖等江河湖岸防护林体系，实施黄河故道造林绿化工程，建设高标准农田林网，开展丘陵岗地森林植被恢复。实施湿地修复治理工程，恢复湿地景观，完善湿地生态功能。推动流域生态系统治理，强化长江、淮河、太湖、新安江、巢湖等流域森林资源保护。实施重要水源地保护工程、水土保持生态清洁型小流域治理工程、长江流域露天矿山和尾矿库复绿工程、淮河行蓄洪区安全建设工程和两淮矿区塌陷区治理工程等。

2.3.2.2　推进环境协同防治

（1）推动跨界水体环境治理

扎实推进水污染防治、水生态修复、水资源保护，促进跨界水体水质明显改善。继续实施太湖流域水环境综合治理，共同制定长江、新安江—千岛湖、京杭大运河、太湖、太浦河、淀山湖等重点跨界水体联保专项治理方案，开展废水循环利用和污染物集中处理，建立长江、淮河等干流跨省联防联控机制，全面加强水污染治理协作。加强港口船舶污染物接收、转运及处置设施的统筹规划建设。持续加强长江口、杭州湾等蓝色海湾整治和重点饮用水源地、重点流域水资源、农业灌溉用水保护，严格控制陆域入海污染。严格保护和合理利用地下水，加强地下水降落漏斗治理。

（2）联合开展大气污染综合防治

强化能源消费总量和强度"双控"，进一步优化能源结构，依法淘汰落后产能，推动大气主要污染物排放总量持续下降，切实改善区域空气质量。合力控制煤炭消费总量，实施煤炭减量替代，推进煤炭清洁高效利用，提高区域清洁能源在终端能源消费中的比例。

联合制定控制高耗能、高排放行业标准，基本完成钢铁、水泥行业和燃煤锅炉超低排放改造，打造绿色化、循环化产业体系。共同实施细颗粒物（$PM_{2.5}$）和臭氧浓度"双控双减"，建立固定源、移动源、面源精细化排放清单管理制度，联合制定区域重点污染物控制目标。加强涉气"散乱污"和"低小散"企业整治，加快淘汰老旧车辆，实施国Ⅵ排放标准和相应油品标准。

（3）加强固废危废污染联防联治

统一固废危废防治标准，建立联防联治机制，提高无害化处置和综合利用水平。推动固体废物区域转移合作，完善危险废物产生申报、安全储存、转移处置的一体化标准和管理制度，严格防范工业企业搬迁关停中的二次污染和次生环境风险。统筹规划建设固体废物资源回收基地和危险废物资源处置中心，探索建立跨区域固废危废处置补偿机制。全面运行危险废物转移电子联单，建立健全固体废物信息化监管体系。严厉打击危险废物非法跨界转移、倾倒等违法犯罪活动。

2.3.2.3　推动生态环境协同监管

（1）完善跨流域跨区域生态补偿机制

建立健全开发地区、受益地区与保护地区横向生态补偿机制，探索建立污染赔偿机制。在总结新安江生态补偿机制试点经验的基础上，研究建立跨流域生态补偿、污染赔偿标准和水质考核体系，在太湖流域建立生态补偿机制，在长江流域开展污染赔偿机制试点。积极开展重要湿地生态补偿，探索建立湿地生态效益补偿制度。在浙江丽水开展生态产品价值实现机制试点，建设新安江—千岛湖生态补偿试验区。

（2）健全区域环境治理联动机制

强化源头防控，加大区域环境治理联动，提升区域污染防治的科学化、精细化、一体化水平。统一区域重污染天气应急启动标准，开展区域应急联动。加强排放标准、产品标准、环保规范和执法规范对接，联合发布统一的区域环境治理政策法规及标准规范，积极开展联动执法，创新跨区域联合监管模式。强化环境突发事件应急管理，建立重点区域环境风险应急统一管理平台，提高突发事件处理能力。探索建立跨行政区生态环境基础设施建设和运营管理的协调机制。充分发挥相关流域管理机构作用，强化水资源统一调度、涉水事务监管和省际间水事协调。发挥区域空气质量监测超级站作用，建设重点流域水环境综合治理信息平台，推进生态环境数据共享和联合监测，防范生态环境风险。

2.4　长三角生态环境共保联治实践经验与问题分析

2.4.1　长三角生态环境共保联治发展历程

长三角地区的生态环境共保联治经历了一个逐步发展的过程。早在 2002 年 2 月，浙江省的嘉兴市与江苏省的苏州市通过召开政府联席会议，建立起边界水污染防治制度和水环境信息通报机制。2004 年 6 月，江浙沪在杭州共同签署了国内第一份关于区域环境合作的宣言——《长江三角洲区域环境合作宣言》，明确提出要加强跨区域边界合作以解决环境问题。2008 年 12 月，江苏、浙江、上海两省一市环境保护部门在苏州市签署《长江三角洲地区环境保护工作合作协议（2008—2010 年）》，共同提升长三角地区生态环境质量。2009 年 4 月 29 日，长三角地区环境保护合作第一次联席会议在上海召开，要求三省一市将在创新区域环境经济政策、健全区域环境监管联动机制、加强区域大气污染控制三方面加强合作。同时，由上海市环境保护局牵头开展"加强区域大气污染控制"方面的工作，由浙江省环境保护厅牵头开展"健全区域环境监管联动机制"工作。长三角地区生态环境保护协调工作从此进入实质性启动阶段。

随后，长三角地区生态治理的协作不断增强。2009 年 7 月，上海市、江苏省和浙江省共同签订跨界环境应急联动方案。2010 年 9 月，浙江省和安徽省共同签订浙皖跨界联动方案。2012 年 10 月，长三角三省一市共同签订跨界联动协议，并通过《长三角地区环境应急救援物资信息调查工作方案》。2012 年 5 月，在浙江省龙泉市举行了 2012 年长三角地区环保合作联席会议，签订了《2012 年长三角大气污染联防联控合作框架》协议。2013 年 5 月 3 日，长三角三省一市在马鞍山市共同签订了《长三角地区跨界环境污染事件应急联动工作方案》，该方案是处置长三角区域跨界环境污染纠纷和应急联动的重要成果。根据方案，三省一市从建立各级联动机制、开展联合执法监督和联合采样监测、协同处置应急事件、妥善协调处理纠纷、信息互通共享、预警、督察等七个方面加强合作。

2013 年 4 月，长三角 22 个成员城市在合肥签署《长三角城市环境保护合作（合肥）宣言》，明确提出将共同构建区域环境保护体系，共同制订区域环境保护防范体系标准。2014 年 1 月，由长三角三省一市和国家八部委组成的"长三角区域大气污染防治协作机制"正式启动。这一机制明确了"协商统筹、责任共担、信息共享、联防联控"的协作原则，建立起"会议协商、分工协作、共享联动、科技协作、跟踪评估"五个工作机制，共同推动长三角地区在节能减排、污染排放、产业准入和淘汰等方面环境标准的逐步对接统一，推进落实长三角地区大气环境信息共享、预报预警、应急联动、联合执法和科研合作。2016 年 12 月，三省一市在杭州召开长三角区域大气污染防治协作小组第四次工作会议暨长三角区域水污染防治协作小组第一次工作会议，三省一市与中央 12 部委组建水污染防治协作部门，并发布《长三角区域水污染防治协作机制工作章程》。

2018 年 1 月，三省一市在苏州召开长三角区域大气污染防治协作小组第五次会议暨长三角区域水污染防治协作小组第二次会议，通过《长三角区域水污染防治协作实施方案（2018—2020 年）》和《长三角区域水污染防治协作 2018 年工作重点》方案。通过协商，2018 年 6 月，三省一市在上海召开长三角区域大气污染防治协作小组第六次会议暨长三角区域水污染防治协作小组第三次会议，通过《中国国际进口博览会长三角区域协作环境空气质量保障方案》。同月，三省一市信用办及生态环境部门签署了《长三角地区环境保护领域实施信用联合奖惩合作备忘录》，发布首个区域严重失信行为认定标准、联合惩戒措施。长三角生态环境共保联治发展向前跨出了关键一步。

2019 年 5 月，长三角三省一市在安徽芜湖签署了《加强长三角临界地区省级以下生态环境协作机制建设工作备忘录》。随后，上海青浦区、江苏苏州市吴江区、浙江嘉善县联合签署了《关于一体化生态环境综合治理工作合作框架协议》，江苏无锡市和浙江湖州市签署了《关于建立太湖蓝藻防控协作机制合作协议》等。2019 年 12 月，中共中央、国务院印发《长江三角洲区域一体化发展规划纲要》，明确到 2025 年，生态环境共保联治能力要显著提升。2020 年 6 月，长三角三省一市签署了《协同推进长三角区域生态环境行政处罚裁量基准一体化工作备忘录》，同步开展统一标准的生态环境行政处罚裁量基准的制（修）订，推动长三角区域形成统一规范、公平公正的生态环境执法监督体系。

2020 年 8 月 20 日，习近平总书记在合肥主持召开扎实推进长三角一体化发展座谈会并发表重要讲话，强调要夯实长三角地区绿色发展基础。2020 年 10 月，推动长三角一体化发展领导小组办公室正式发布《长江三角洲区域生态环境共同保护规划》，对未来十五年内长三角生态环境共保联治工作做了细致部署。2021 年 5 月 27 日，长三角区域生态环境保护协作小组第一次会议在江苏无锡召开，审议通过了《长三角区域生态环境保护协作小组工作章程》和《长三角区域生态环境保护协作小组办公室组建方案》。同时，三省一市签署了《长三角区域碳普惠机制联动建设工作备忘录》和《长三角区域固体废物和危险废物联防联治合作协议》，推动长三角区域碳普惠与固废危废处理处置工作。

2.4.2　长三角地区生态环境共保联治实践经验

2.4.2.1　长三角地区生态环境共保联治部分实践经验

（1）长三角区域大气污染联防联控

长三角地区大气污染协同治理起始于 2008 年。2008 年，江浙沪两省一市共同签署了《长江三角洲地区环境保护工作合作协议》，提出多项环境治理合作计划。该协议提出要提高环境准入标准，逐步统一企业排污费的收费标准，加强对区域大气污染的控制。2009 年 4 月，长三角地区环境保护合作第一次联席会议在上海召开，会议对区域环境协作治理工作做了具体部署。会议强调以上海为中心，开展区域大气污染的协作治理，为世博会提供良好的空气质量保障。2010 年上海世博会期间，长三角建立了区域空气质量监测数据共享平台，实现区域内污染物排放和空气质量数据等的共享，为世博会保持良好的空气质量提供支撑。2012 年，两省一市在浙江省签订了《2012 年长三角大气污染联防联控合作框架》，就制定大气污染联防联控规划，加强大气防治技术和管理开展交流合作，在长三角重点污染防治区率先建立 $PM_{2.5}$ 监测点，共同解决区域空气污染问题等事宜达成共识。2014 年 1 月，长三角区域大气污染防治协作小组在上海成立，并召开了第一次会议，标志着长三角区域大气污染防治协作机制正式启动，规定协作小组每年召开一次会议，主要职责是推动区域大气污染联防联控和解决区域大气污染问题。

2014 年 7 月，长三角区域大气污染防治协作小组会议审议通过了《长三角区域协作保障南京青奥会空气质量工作方案》，为保障青奥会期间良好的空气质量，对长三角各地大气污染联防联控做了具体部署。2016 年，长三角成立了区域雾霾联防联治协作小组，为推动区域雾霾的协作治理，保障 G20 杭州峰会期间的空气质量提供平台，同时为整个区域大气污染联防联控机制的进一步发展提供了契机。2018 年，长三角区域大气污染防治协作小组第五次工作会议暨长三角区域水污染防治协作小组第二次会议在苏州召开，审议通过了《长三角区域空气质量改善深化治理方案（2017—2020 年）》及《长三角区域大气污染防治协作 2018 年工作重点》，会议强调要优化协作机制，做好已有成果深化完善，加强共性难点联合攻关，提高共商共治共享水平。

（2）长三角区域水污染联防联控

20 世纪 90 年代，太湖流域出现了严重的水污染问题，80%的水域水质达不到国家Ⅲ类标准，水体富营养化严重。国务院于 1997 年批准了"太湖水污染防治'九五'计划"，并在 1998 年联合流域内两省一市实行了太湖流域污染源达标排放行动（以下简称零点行动），太湖流域的水污染得到初步改善。2002 年，水利部太湖流域管理局会同流域内江苏省水利厅、浙江省水利厅、福建省水利厅和安徽省水利厅共同签订了《太湖流域片省际边界水事协调工作规约》，为理顺省际水事关系，明确职责，制定规则。2007 年太湖"蓝藻事件"发生，2008 年国务院批复同意建立太湖流域水环境综合治理省部际联席会议制度，并召开了第一次省部际联席会议，明确太湖流域水环境综合治理要解决的问题，并就工作重点和下一步工作达成共识。在此基础上，江浙沪共同签订了《关于太湖水环境治理和蓝藻应对合作协议框架》，确定加强区域合作，两省一市共同实施一批重点治污工程，深入开展水环境的协同治理。

长三角水污染协同治理的进一步发展是在 2016 年 12 月，长三角区域水污染防治协作小组成立，并召开了第一次会议，意味着长三角水污染联防联控全面启动。2018 年，长三角区域水污染防治协作小组第二次会议在苏州召开，会议深入交流了区域水污染防治协作情况，强调环境治理要突出重点难点，完善水污染协同治理机制，要"保好水"和"治污水"并举。在长三角各地开展水污染协同治理的过程中，各级政府积极合作，在完善已有机制的基础上不断创新治理方式和机制，并引导企业、公众和社会组织参与环境治理，承担相应责任。

（3）长三角地区生态补偿主要实践

自 20 世纪 80 年代以来，长三角地区推动了包括流域生态补偿、大气生态补偿、森林生态补偿、海洋生态补偿等不同类型的生态补偿实践。例如，上海市的《上海市黄浦江上游水源保护条例》及其实施细则，江苏省的《关于调整生态补偿政策的意见的通知》《太湖流域水环境综合治理总体方案》，浙江省与安徽省的《关于新安江流域上下游横向生态补偿的协议》等，给国内其他地区的生态补偿实践提供了借鉴。这些制度设计实践落地也加快了长三角区域生态一体化进程。

太湖流域生态补偿。太湖流域面积为 3.69 万 km^2，包括江苏、浙江、上海两省一市，范围涉及长江以南，钱塘江以北，天目山、茅山流域分水岭以东的区域，是我国人口密度最大、经济活动密度最高的区域之一。2007 年，太湖蓝藻事件暴发，造成无锡市全城用水困难，直接推动了太湖水环境治理工作。2008 年，国务院批复《太湖流域水环境综合治理总体方案》，提出太湖水环境综合治理目标。在生态补偿的实施基础上，江苏省分别出台了《江苏省太湖流域环境资源区域补偿试点方案》和《江苏省水环境区域补偿工作方案》，通过多元治理基本确保该地区饮水安全与生态环境整体向好的趋势。截至 2016 年，江苏省水环境生态补偿资金累计超过 13 亿元，在太湖流域拉动了地方超过 800 亿元的治污项目投资。2019 年，江浙沪两省一市签署了《太湖流域水生态环境综合治理信息共享备忘录》，进一步推动太湖流域生态补偿与治理的可持续。

新安江流域横向生态补偿。新安江流域生态补偿机制试点作为我国第一个跨省级行政区的流域生态补偿试点，得到了央地三方（中央、安徽省和浙江省）的大力支持。2011 年，安徽省财政厅和环境保护厅联合印发了《安徽省新安江流域生态补偿资金管理（暂行）办法》，开始了全国首个跨省新安江流域水环境生态补偿试点工作。2012 年，两厅再次联合印发了《新安江流域水环境补偿资金绩效评价管理办法（暂行）》，安徽与浙江两省政府正式签署《新安江流域水环境补偿协议》。截至 2020 年年底，新安江流域生态补偿试点实施三轮 9 年来，皖浙两省累计投入新安江流域生态补偿资金 30 亿元，引导黄山市累计完成新安江治理项目投资 153 亿元。经过三轮试点，2020 年新安江流域总体水质为优并稳定向好，皖浙跨省界断面水质达到地表水环境质量 II 类标准，每年向千岛湖输送近 70 亿 m^3 优质水资源，千岛湖水质实现同步改善。

（4）长三角地区环境风险联防联控

长三角地区环境风险联防联控的政府间协作已开展多年，从原来的两省一市到如今的三省一市，开创了长三角地区环境风险联防联控政府间协作的新局面。2017 年 6 月，在安徽省滁州市组织召开了长三角地区跨界突发环境事件应急联动工作会议；同年 9 月，安徽省环境保护厅与浙江省环境保护厅就往年跨界环境污染纠纷问题整改情况开展联合检查，取得良好效果；2018 年 6 月，上海市环境保护局印发《2018 年度长三角地区跨界突发环境事件应急联动工作计划》。

虽然长三角地区环境风险联防联控工作进展良好，但现阶段，区域环境风险事件发生仍较频繁。总体来看，环境风险跨界特征明显，各地区政府和相关部门之间存在权责界定不明晰而互相推诿的情况；此外，各地区基于本地实际情况和自身利益，确定的风险防控重点不一致，也使长三角地区建立并推进区域联防联控体系基础薄弱。因此，建立长三角区域环境风险联防联控体系，打破行政区划，明确地方政府和各职能部门职责，调动地方政府和部门的积极性，是制约地方政府和各职能部门互相推诿的有效措施；以区域整体环境利益为共同目标，是协调区域风险防控的重点，也是提高环境风险联防联控工作效率和效果的重要保障。

（5）长三角区域环保科研协作和标准统一工作

长三角区域环保科研协作由来已久。例如，针对大气污染呈局地污染和区域污染相叠加、多种污染物相耦合态势，长三角地区环保科研院所开展联合攻关，完成了国家科技支撑计划项目"长三角区域大气污染联防联控支撑技术研发及应用"，并通过科技部验收。针对二次污染控制为核心的 $PM_{2.5}$ 与 O_3 协同防控这一长三角大气污染联防联控亟待解决的关键问题，2018 年，长三角区域各省（市）联合申报并立项国家重点研发计划"长三角 $PM_{2.5}$ 和 O_3 协同防控策略与技术集成示范"。与此同时，长三角区域环保科研协作和标准统一工作也进展顺利，已审议通过并签署《长三角区域环境保护标准统一工作方案》和《长三角区域环境保护标准协调统一工作备忘录》。其次，从 2018 年 6 月以来，针对长三角地区生态环境面临的突出问题和困难，提出了长三角地区三省一市开展生态环境联合研究工作的建议。目前，《长三角区域生态环境联合研究中心建设方案》和《长三角区域生态环境联合研究中心章程》等已讨论通过并颁布。

2.4.2.2　安徽省参与的生态环境共保联治实践经验

（1）省内市县生态环境共保联治

1）完善水阳江全流域环境管理机制。2014 年 2 月，以宁国市和旌德县为试点，两地政府签订了《水阳江上游水体跨界污染防治工作方案》，正式建立了水阳江上游水体跨界污染防治工作机制。2016 年 3 月，宣城市环境保护局组织宁国市、绩溪县、旌德县政府召开了水阳江上游水体跨界污染纠纷联防联控联席会议，通报了 2015 年度水阳江全流域污染联防联控工作情况和上游跨界断面水质监测情况，并就下一年工作计划进行了周密部署，推进了水阳江跨界污染纠纷联防联控机制常态化、长效化。

2）积极探索郎川河流域联防联控工作。2015 年 5 月，宣城市环境保护局邀请郎溪县、广德县政府共同召开了郎川河流域水环境联防联控第一次联席会议。会上，两县政府讨论并签署了《郎溪县—广德县郎川河流域水环境联防联控工作制度》，采取联合执法、信息共享、联合采样监测等具体举措，实现了郎川河流域共防共保。

3）省内大气污染生态补偿实践。建立大气污染治理的生态补偿机制，是安徽省进一步开展大气污染防治工作的重点。2018 年，安徽省颁布了《安徽省环境空气质量生态补偿暂行办法》，率先提出构建"大气生态补偿"机制，并安排省级财政每年划拨 1 亿元作为大气生态补偿基金，明确大气生态补偿的考核与奖惩办法，要求以 $PM_{2.5}$、PM_{10} 考核为主，遵循奖优罚劣、纵横结合的原则，实施大气污染生态补偿。同年，安徽省共支出大气生态补偿金 6 617.3 万元。

（2）与外省市县生态环境共保联治

1）做好重大活动的环境质量保障工作。近年来，安徽省积极配合江浙沪全力落实上海世博会、G20 杭州峰会、南京国家公祭日、青奥会、世界互联网大会等重大活动的环境质量保障工作，落实各项联防联控措施。成立环境质量保障工作领导小组，编制工作方案，开展专项执法督查。组织人员对安徽省纳入长三角核心区的合肥等 8 市，99 家放射性物质使用单位进行加密监督检查，对发现的辐射安全隐患要求及时整改，并逐一回访核查，确保了重大活动期间无辐射事故发生。

2）安徽-江苏长江流域滁河生态补偿实践。除新安江流域生态补偿外，安徽与其他省的生态补偿实践还包括 2018 年 12 月与江苏省签订的长江流域横向生态补偿协议，就滁河开展双向生态补偿，在全国率先建立长江流域跨省横向生态补偿机制。同时，两省通过建立联防联治机制、重大规划（方案）合作协商机制，探索统一环保政策标准与流域共同治理，共同推进流域保护深度合作。

3）环境污染纠纷处置应急联动工作机制。为加强跨市界上下游地区会商和防控纠纷处置，安徽省相关市县与其相邻市县共签订跨界联防联控协议 28 份，基本实现敏感水域全覆盖。2015 年 4 月，安徽省宣城市分别与杭州市、湖州市共同印发了《杭州-宣城边界区域市级环境污染纠纷处置和应急联动工作机制》《湖州-宣城边界区域市级环境污染纠纷处置和应急联动工作方案》，建立了宣城市与浙江边界区域市级环境污染纠纷处置和应急联动工作机制。成立了杭州-宣城（湖州-宣城）边界区域环境污染纠纷处置和应急联动工作协调领导小组，设立环境执法协调小组，负责两地环境执法合作交流的组织协调和业务指导工作。建立联席会商机制，开展联合执法检查，妥善协调处理纠纷，协同处置应急事件，实施跨界预警监督，建立信息共享平台。同时，广德、宁国、绩溪分别与浙江的长兴、安吉、临安建立了环境污染跨省县级联防工作机制。

4）开展联合执法监测工作。为进一步加强跨界水体保护，宣城市宣州区与南京市高淳区在水阳江出境断面（管家渡）合作建设一座水质自动监控站，互相通报共享监测数据，及时掌握跨界水环境状况和污染负荷变化情况，对环固城湖流域实施环境联合整治。为协调保障大气环境质量，2017 年 5 月 19—21 日，在南京市举办江苏发展大会，宣城市为保障大会期间空气环境质量，加强环境执法监管，加强与南京市协作配合，大力推进大气污染防治工作，全力做好各项环境质量保障工作。2018 年 2 月，宣城市郎溪县和江苏省溧阳市针对梅溧河殷桥断面水质超标问题启动联动机制，组织开展联合执法，严厉打击违法排污行为。

2.4.3　长三角地区生态环境共保联治存在的问题

2.4.3.1　区域生态环境法治建设存在困境

（1）综合性立法明显不足

长三角地区综合性生态环境保护治理法律缺位，无法适应长三角一体化发展的国家战略要求。目前，有关区域内生态环境治理的相关条文零散地存在于现行的各部法律中，缺少一部法律来对长三角地区的生态环境进行专门保护。现行立法中与长三角生态环境保护有关的法律主要有《中华人民共和国长江保护法》《中华人民共和国水法》《中华人民共和国水污染防治法》等，这些法律在宏观上均处于国家统一调控的范围之内，并都对资源和环境等分别立法，但在区域执行层面存在一些部门利益化倾向，导致长三角地区长期处于各省市分别治理的格局，不利于区域生态环保工作进一步推进。

（2）部分规定实操性较弱

在长三角地区涉及开展环保执法的相关规定较少，并且部分规定的实际操作性不强。如《中华人民共和国环境保护法》《中华人民共和国水污染防治法》均规定跨区域生态环境治理由地方政府协商，但协商的程序与结果等均未作出具体说明，在实际执法的过程中，各行政区域的地方政府容易出现互相推诿现象。

（3）跨行政区域纠纷解决审判管辖机制缺位

对跨区域管辖的案件，仅有《中华人民共和国行政诉讼法》规定最高人民法院拥有跨区域审判管辖案件的最终裁量权，若将所有跨区域的纠纷案件都交由最高人民法院指定管辖，可能会出现被指定法院实际不适合该案件的情况，从而无法有效解决长三角跨行政区域的生态环境保护问题，影响该区域生态环境保护机制的建立以及长三角一体化进程。

（4）审判人员的队伍建设仍需加强

生态环境纠纷属于学科交叉型案件，不仅具有较强的专业性，还具有国家强制性和干预性等特点，这对审理该案件的法官提出了较高的要求，他们不仅要有扎实的法学功底，而且要有丰富的法外知识。在当前的长三角生态环境案件中，参与审判的法官尽管具备扎实的法学专业素养，但普遍缺乏相应的环境专业审判能力，从而增加了案件审理难度，降低了审判效率。

2.4.3.2　生态环境保护区域协作机制落实推动力有待加强

目前，长三角地区生态环保联防联控机制是建立在信任、承诺基础上的自组织协同发展，以平等协商为主，并未形成制度化的发展模式。共同签署的合作协议约束力有限，导致协作机制落实推动力较弱。当前我国行政机关采取的"条块化"管理机制，使各地生态环境部门受到"双重领导"，在执法时缺乏统一的协调机构，易受到地方政府的掣肘，严重削弱了其执法和监管职能。对跨行政区域的生态环境问题，政府如何协调以及各地政府如何协商，并未作出相关规定。地方政府在区域开发时优先考虑本区域的利益，难以对生态环境问题进行综合治理。

此外，三省一市协作多停留在省级主管部门层面，尚未全面下沉到市、区（县）。不少位于省（市）交界处的基层政府反映，在与省外相邻地方政府协调污染治理和联防联控工作时，存在协调难、落实难等问题。跨行政区域的流域性、区域性统一监管模式尚需探索，联防联治和应急处置机制也亟待完善。生态环境合作缺乏明确的量化目标、清晰的职责划分以及完善合理的考核机制，严重制约了区域生态环境保护的统筹协调力度。

2.4.3.3　生态环境共保联治协同监管机制存在问题

目前，长三角地区阻碍协同监管的行政壁垒仍未完全打破。受制于行政区划的限制，区域现有管理政策、制度、法规与标准等更多关注行政区划范围内的主要问题和矛盾，政府间在环境治理目标与标准、治理能力、治理政策与绩效考核等方面各自为政，协同应对跨区域、跨流域生态环境治理组织构架、政策体系、保障措施尚未形成，不同地区规范标准互有宽严，省际、城际生态环境保护设施共建共管机制有待建立完善，这些很大程度上制约了共保联治工作。

长三角地区生态环境决策平台建设有待进一步推进。区域内生态环境数据共享机制不健全，生态环境监测监控体系不统一，生态环境信息数据相对分散，尚未实现跨区域共享互联。数据融合难度较大，存在数据不匹配、一数多源，跨部门、跨领域、跨层级的综合利用不充分等现象。此外，生态环境信息管理在支撑生态环境保护参与宏观经济政策、提高生态环境形势预测预警能力和综合决策能力等方面发挥作用有限。

2.4.3.4　生态环境科技成果转化整体水平偏低

生态环境科技成果转化是促进"科技"和"生态经济"相结合的关键环节，也是深化科技体制改革的重要举措。近年来，长三角地区深入贯彻创新驱动发展战略，不断提高环保科研投入，在污染负荷削减、有毒有害污染物控制、饮水安全防范、生活垃圾焚烧发电治理、火电厂烟气超低排放技术控制等方面实现了重大突破。尽管有部分技术已得到广泛应用，但生态环境科技成果转化的整体水平较低。这主要受以下几个方面因素的制约：第一，尚未建立科学化的生态环境科技成果评价体系。传统的评价体系更侧重论文和专利数量，且仍采用主观性很强的专家审查法进行打分，无法真实反映生态环境科技成果的潜在价值和实用价值。第二，生态环境科技服务体系不完善。政府对生态环境科技服务体系的建设认识不够，主动性欠缺，尚未建立以政府为主导的公共服务体系，网络化的信息服务平台仍处于试验阶段。第三，生态环境科技成果转化投资风险较高。一方面，生态环境资源具有公共性，污染企业对生态环境治理的需求转化为政府对生态环境治理的要求，导致市场对生态环境治理的需求不足，增加了生态环境科技成果转化的难度；另一方面，在生态环境科技成果转化中，政府资金负担了绝大部分的资金需求，企业、社会等资本的进入渠道受到很大限制，资金短缺在一定程度上制约了生态环境科技成果的转化。

2.4.3.5　生态环境信息资源共享机制不完善

生态环境信息资源共享是生态环境治理一体化推进的基础，也是实现生态环境联防联控由传统碎片化管理向全面信息化转变的必然选择。由于区域分割、行政壁垒、部门利益等因素制约，长三角地区生态环境保护共建共享机制缺乏和不够充分，主要表现在以下几个方面的问题：第一，生态环境信息资源的共识度不高。生态环境信息资源共识的达成是生态环境信息共享机制建立的前提条件，然而现阶段达成的共识主要体现在纸面上，在实际推行过程中各地政府间还缺乏足够信任，缺乏具体的政策措施作为保障。第二，生态环境信息资源共享标准不统一。统一的生态环境信息资源共享标准是生态环境信息共享机制建立的关键，然而现阶段长三角地区还没有设定共享的标准，这制约了各地政府信息资源共享行为协同性和规范性的提高。第三，缺乏法律法规的支撑和保障。现阶段长三角地区发布的有关生态环境信息资源共享的相关规定大都以政策文件为主，还没有上升到立法层面，约束力较弱。此外，长三角地区缺少统一的机构或部门专门负责该方面的工作。

2.4.3.6　生态补偿机制以及生态环境保护市场化不完善

长三角生态补偿机制虽然有了初步发展，但还存在诸多问题。首先，现行生态补偿标准难以覆盖综合治理成本。长三角地区生态补偿标准的确定以利益主体的谈判为主，这对利益相关者的有效参与及谈判能力提出了要求。总体来看，当前长三角地区生态补偿标准依然不能弥合提供"生态产品"所带来的综合成本。其次，市场化、多元化的生态补偿机制还需进一步探索。长三角地区生态补偿模式以政府为主导，市场化及第三方的补偿模式较少，导致政府财政压力过大、生态补偿效率偏低、公众参与感不强等。这主要是由于不同生态系统服务具有不同的公共物品属性，很多"生态产品"难以直接通过市场进行资源配置。未来如何培育和激发社会资本的投入是长三角一体化视角下生态补偿制度建设需要考虑的问题。最后，生态补偿配套机制不够健全。我国多数生态补偿实践缺少法律法规依据，补偿实施的依据以部门文件、意见批复与行政许可等形式为主，导致区域生态补偿实施效果差异大、监管难。同时，囿于体制因素，发改、自规、林业、农业、水利等不同职能部门均依其自身职能来推动生态补偿实施，存在分头管理、分散补偿的问题。随着长三角地区生态补偿实践的逐步深化和普及，面临的问题将越发突出，除生态补偿机制外，长三角地区还在排污权交易、碳排放权交易、水权交易等方面进行了一定的探索。目前，长三角地区生态环境治理与风险防范还处于政府主导阶段，市场化机制远未建立，仍处于初步探索阶段，如何完善市场机制和竞争规则是区域未来工作的重点。

2.4.3.7　生态环境风险联合防范机制不完善

长三角地区以往开展的生态环境保护工作更多注重生态保护与污染治理，而生态环境风险防范机制建设相对缓慢，现阶段其主要面临如下几个方面的问题：第一，缺乏相应法律体系的支撑。目前，长三角地区还没有专门针对生态环境风险管理的法律法规；此外，已有的法律法规大多是针对环境风险发生后的情况处置，较少涉及风险源头控制、风险全过程管理。第二，企业的激励及约束机制不足。现阶段长三角地区对重大生态环境风险企业的监管力度不足，缺乏针对不同环境风险等级企业的具体性监管措施，对企业生态环境风险防范不力的行为惩罚偏轻；仍未建立完善的生态环境污染强制责任保险制度，对环境风险防范较好企业的激励和补偿不足。第三，跨区域生态环境风险预警和应急机制不完善。当前，跨区域一体化的风险预警和应急机制还处在初步建设阶段，针对跨区域不同类型环境风险问题还没有形成完整的管理体系，在统一风险管理部门建设、调动公众参与机制建设等方面都有待完善。

2.4.4　安徽省在长三角地区生态环境共保联治中面临的问题

2.4.4.1　经济基础薄弱

长三角地区各地政府在合作过程中，安徽省经济实力与江浙沪相差较为悬殊，很容易导致在合作地位上的不对等和利益分配上的不均衡。加上安徽省在长三角地区主要承担着生态屏障和江浙沪后花园功能，产业发展受限，经济水平落后，这些都严重制约了安徽省在区域环保联防联控工作中的优势地位。同时，安徽省环保系统能力建设方面，无论是系统人员机构、设施建设、经费水平，还是环保监测、监管能力建设等方面，均远滞后于其他发达省市，极大限制了区域环保联防联控工作的开展。

2.4.4.2　创新驱动不足

长三角地区三省一市在经济、科技、产业发展方面存在不均衡性，上海市、江苏省的苏南、浙江省部分发达地区所在区域的技术能力和产业质量相对较高，但目前这种技术水平和产业质量的提升，并没有在长三角区域发挥应有的辐射带动和引擎作用，在节能降耗、绿色低碳发展等方面也没有发挥更大的作用，特别是在安徽省皖北、江苏省苏北等经济相对落后的地区。皖北、苏北部分城市的科技创新不足、资源能源利用率低下、污染物排放量大等问题，严重制约了生态环境保护水平的提高，如何充分利用发达地区的科技成果，以创新驱动实现长三角地区整体经济的高质量发展，从而带动区域环境质量持续稳定改善的压力还比较大。

2.4.4.3　科研基础落后

长三角地区大气污染联防联控科研合作中，安徽省由于存在相关基础研究底子薄、起步晚，科研任务过程中的部分仪器设备落后、人员力量不足等客观问题，在推进区域科技协同创新方面处于相对劣势，难以达到区域大气联防联控的技术要求。同时，受制于科研项目参加单位间数据掌握情况的差异，以及科研协作机制不成熟等客观原因，长三角地区省市间大气污染联防联控基础数据的共享仍存在一定壁垒，总体制约了区域整体研究工作的进展。

2.4.4.4　共建共享机制缺乏

安徽省正式加入长三角地区时间较短，很多区域"一体化"发展还停留在理论阶段。长三角三省一市虽然在污染防治、环境风险应急防范等部分生态环境领域建立了联防联控体制机制，但仍存在不够完善和过于单一的问题，如在生态补偿机制、碳交易机制、排污权交易机制、环境治理科技成果共享机制、应对突发环境事件相应机制等很多方面都不够健全，许多仅仅停留在文件层面，没有在实践中加快推进和落实，成效不够显著。长三角地区在科技成果的共享、高科技产业互动、生态环境共建共享等领域也还没有形成长效机制。特别是皖北、苏北地区在产业转型与升级、环境治理等方面，迫切需要得到长三角其他地区的科技帮扶。

2.4.4.5　绿色发展仍需努力

快速城镇化和工业化严重挤压有限且脆弱的生态空间，降低了城市生态环境承载能力。从长三角三省一市主要污染物排放情况来看，污染物排放量在全国指标中相对较高，特别是江苏和安徽，是长三角地区重要污染物的重要贡献省份。安徽经济总量仅为浙江60%左右，但是主要污染物排放量却大于浙江。因此，加强安徽、江苏苏北等地的产业转型升级，以及区域协同大力发展绿色产业，从源头上减少污染物的排放，才是强化长三角地区生态环境共保联治，实现真正"一体化"和"高质量"发展的关键。

2.5　长三角生态环境共保联治的主要方向

2.5.1　加强长三角地区生态环境保护立法建设

统一的法治环境是区域生态环境协同治理的基础和保障。首先，应在长三角地区探索并开展综合性立法。这需要在新时期生态环境法治要求的指导下，与当地实际情况结合，并与长三角一体化发展的国家战略相呼应。处理好不同法律之间的关系，避免执行中无法落地的情况发生；改进传统的分散立法模式，不能仅对其中的某个方面进行立法，如将生态资源和环境进行整合综合立法，既要考虑长三角地区整体性特征，又要兼顾生态环境立法的差异性特征。其次，在现行"长三角一体化发展战略合作框架协议"基础上，缔结和完善三省一市生态环境立法协作的框架协议，充分考虑各地政府的合作意识，遵循"目标协同"和"利益协调"两个原则，成立由三省一市行政主体构成的跨省（市）级行政区域立法协作机构，并在明确制定主体的基础上，协商制定超越省（市）政府且不受任何团体、组织及个人制约的跨省（市）级行政区域的生态环境共同章程；明确跨省（市）级行政区域生态环境共同章程的效力等级、适用范围以及各地方政府的责任义务，推动生态环境立法由各自立法向联合立法转变。构建跨行政区域的生态环境共同章程要立足于长三角地区面临的生态环境问题，具有科学性、针对性和可行性。

2.5.2　推进长三角生态环境共保联治的机制政策现代化建设

随着区域性、流域性生态环境问题日益凸显，在大气、水、土壤污染防治的基础上，生态保护、固体废物处置、海洋生态环境保护、风险防范等方面也都需要加强区域协作。这就需要优化调整现有污染防治协作机制，建立覆盖全要素的协作机制，开创区域联防联控新局面。

深化跨区域水污染联防联治。以改善水质、保护水系为目标，建立水污染防治倒逼机制。在江河源头、饮用水水源保护区及其上游严禁发展高风险、高污染产业。进一步优化畜禽养殖布局和合理控制养殖规模，大力推进畜禽养殖污染治理和资源化利用工程建设。对造纸、印刷、农副产品加工、农药等重点行业实施清洁化改造，加强长江、钱塘江、京杭大运河、太湖、巢湖等水环境综合治理，完善区域水污染防治联动协作机制，实施跨界河流断面达标保障金制度。

联手防治大气环境污染。完善长三角大气污染防治协作机制，统筹协调解决大气环境问题。优化区域能源消费结构，积极有序发展清洁能源，全面推进煤炭清洁利用，加快产业布局结构优化调整，提升区域落后产能淘汰标准，推进重点行业产业升级换代。加快钢铁、水泥等重点行业及燃煤锅炉脱硫、脱硝、除尘改造，确保污染物达标排放。推进石化、包装印刷、涂料生产等重点行业挥发性有机物污染治理。加大黄标车和老旧车辆淘汰力度。

全面开展土壤污染防治。坚持以防为主，点治片控面防相结合，加快治理场地污染和耕地污染。制定长三角地区土壤环境质量标准体系，建立污染土地管控治理清单。搬迁和关停工业企业，应当开展场地环境调查和风险评估，防范二次污染和次生突发环境事件。集中力量治理耕地污染和大中城市周边、重污染工矿企业、集中污染治理设施周边、重金属污染防治重点区域、集中式饮用水源地周边、废弃物堆存场地的土壤污染。对水、大气、土壤实行协同污染治理，严格项目准入制度，从源头上解决土壤环境污染问题。

2.5.3 健全生态环境市场经济机制

推动建立长三角地区生态补偿机制，探索实施生态综合补偿。实现森林、河流、湿地、耕地、海洋、矿山等重点领域、重要生态功能区、生态保护红线区等重点区域的生态补偿全覆盖。健全市场化、多元化生态补偿长效机制，探索建立资金、技术、人才、产业等相结合的补偿模式，促进生态保护地区和受益地区的良性互动。探索建立生态产业、排污权交易、绿色金融、资源有偿使用等补偿政策，推动环境污染第三方治理，引导、吸引和撬动更多社会资本参与。依托上海全国碳交易系统，完善区域碳排放权交易制度，加强区域碳交易市场建设，积极推进和参与全国碳排放交易市场建设工作。发挥上海金融资源优势，大力发展绿色信贷、保险、投资等，利用国家绿色发展基金带动大气、水、土壤、固体废物污染协同治理等重点项目。

2.5.4 充分发挥科技创新的支撑与引领作用

长三角地区科技创新资源丰富，集中了全国约1/4的"双一流"高校、国家重点实验室、国家工程研究中心，因此要充分发挥科技创新资源集聚优势。围绕长三角地区主要污染物成因与控制策略、跨界重要水体联动治理、低碳发展等跨区域、跨流域、跨学科、跨介质重点问题开展研究，加快推进污染防治科技创新研发，推动国家重点研发计划和科研成果在区域内集成示范，强化有机废弃物处理利用科技支撑，推进固废资源化重点科技专项向环太湖地区倾斜，实施长三角高新区污水零排放科技创新行动。统筹推进区域信息化建设，加强区域数据共享。整合区域科教、研发资源与产业力量，建成"政-产-学-研-用-金"深度融合的高水平生态环保科技协同创新平台，搭建科研院所和研发企业沟通的桥梁，探索环保科技成果转化新机制，做大做强区域环保产业。

2.5.5 加大生态环境协同监管力度

紧扣"共同保护"要求，创新区域生态环境一体化监管。统一规划管理，探索建立统一编制、联合报批、共同实施的生态环境规划管理体制，共同编制、共同批准、联合印发生态环境相关专项规划；统一标准管理，研究发布一批统一的环境管理技术规范和污染物排放标准；统一监督执法，共同组建生态环境联合执法队伍，打破行政壁垒，开展联合执法巡查。完善长三角生态环境监测网络体系和数据资料的共享机制。在长三角地区建立一体化的、覆盖全区域的生态环境监测网络体系，加大污染物监测力度，提升监测信息综合分析、处理评价的能力，联合建立生态环境信息空间数据库，实现生态环境监测信息和数据共享。利用先进技术手段，加大对生态环境的协同监管。采用先进的科技手段对区域进行实时监管，如运用卫星遥感、无人机航测等技术手段对区域进行实时监控，对生态环境污染重点区域进行重点监控，确保及时发现并解决问题。

2.5.6 加强环境基础设施建设

2.5.6.1 强化污水收集处理设施建设

（1）建设绿色、安全可靠的城镇污水收集处理设施

加快完善城镇污水管网修复改造，填补城中村、老旧城区、新建小区、城乡接合部污水收集管网的缺失，清除空白区，实现城镇污水管网全覆盖，显著提高污水收集率。逐步实现新改建地区雨污分流，推进污水零直排区建设。加强城市排水管网与港口作业区的连接。全面推进城镇污水处理提质增效，污水全处理全达标。坚持"水泥同治"，完善城镇污水处理厂污泥处置设施建设。

（2）推进农村生活污水治理工程

推广浙江"千村示范、万村整治"工程经验，全面实施农村人居环境整治。推进农村生活污水处理工程建设和已建设施的提标改造，建立健全农村生活污水处理设施长效运维机制，鼓励专业化、市场化建设和运行管理，有条件的地区推行城乡污水处理统一规划、统一建设、统一运行、统一管理。

2.5.6.2 加强固废危废联防联治

（1）加强生活垃圾分类处置能力建设

补齐生活垃圾分类收集和运输能力的短板，鼓励建设湿垃圾分布式处理设施，探索在单建共享或共建共享模式下建设生活垃圾焚烧处理设施，推进生活垃圾焚烧飞灰资源化、

无害化处理。

（2）提升工业固废利用处置水平

建立并试行一般工业固废分类名录，摸清工业固废底数。推动长三角地区资源循环利用示范城市（基地）建设，开展典型工业固废资源化与集约化管理。统筹规划建设固废资源跨境回收处置利用示范基地，推动区域工业固废集中利用处置能力共享。

（3）深化危废收集处置设施建设

统一区域危废污染防治标准。按照"省域内能力总体匹配，省域间协同合作"的原则依法依规强化处置能力，统筹规划建设高水平专业化危险废物处置基地，探索建立省域间临近区域医疗废物跨省转移处置合作机制。

（4）严格区域固废危废监管

加强长三角地区固废危废联防联治，推动固体废物区域转移合作，加强跨区域协调，探索建立跨区域不同模式下固废危废处置补偿机制，实现固废危废跨区域合理有序流通。探索制定长三角危废转移协作和执法联动机制，全面推行危废转移电子联单，实现区域间固废危废管理信息互联互通，不断提升智能化水平。

2.5.6.3　推进港口环境设施建设

（1）加快港口岸电设施建设

严格落实新建码头（油气化工码头除外）同步规划、设计，建设岸电设施，全面推进现有码头岸电设施改造，加快推动航运企业对现有船舶加装受电设施，研究制定岸电补贴标准和价格扶持政策，推动船舶靠港后优先使用岸电。

（2）推进港口设施清洁化

持续推进港口作业机械和车辆清洁化改造。加快淘汰国一标准和国二标准港口作业机械和车辆，新增和更新岸吊、场吊、吊车等作业机械和车辆采用新能源或清洁能源动力。沿海港口新增和更新拖轮优先使用新能源或清洁能源。增强码头原油、汽油、有机化学品等液体储存、装载、转运等过程中的 VOCs 管控，全面配套建设油气回收设施并保持正常使用。强化港口、码头扬尘治理，对物料的装卸、贮存和转运等环节采取有效扬尘防治措施。

（3）强化船舶污染物接收、转运及处置设施建设

实施船舶污染物协同治理行动，推进沿海与内河港口码头船舶污染物接收、转运及处置设施建设，落实船舶污染物接收、转运、处置联合监管机制。严格执行船舶污染物相关排放管制标准，加快淘汰不符合标准要求的老旧船舶，推进现有不达标船舶升级改造，大力推动绿色智能内河标准化船型的示范应用。

2.5.7　统筹区域生态环境保护应急能力建设

建立突发环境事件应急管理平台，提升对突发污染事故和生态破坏事件的响应、联络、

决策、控制及处理能力，推进跨区域、跨部门突发生态环境应急协调机制的建立。健全对大气环境、水资源环境、土壤环境、辐射源以及风险源的突发环境事件应急预案建设，规范和强化政府和相关部门的应急处置工作。

推进区域环境风险评估与管理。加强区域环境应急协同响应能力，建设区域集成共享的物资装备信息管理系统，建成辐射长三角全域的环境应急物资储备库，推动区域环境应急物资装备储备统筹共享。推动应急物资的产业化、社会化和标准化建设，加快应急物资全产业链布局，提升应急物资保障能力。

推动生态环境与健康常态化管理。开展区域生态环境与健康专项调查，基本摸清相关污染源、暴露途径以及受体状况底数，建设基础数据库，制定重点区块名录。确保区域核与辐射安全。落实核设施营运单位核安全主体责任，持续提高区域内现有运行核设施安全水平，稳步提高在建核电厂建造质量，提升新建核电本质安全。强化核与辐射安全监测执法能力建设，完善省级辐射环境监测网络，提升区域核与辐射事故应急支援能力，提高海洋放射性监测、核与辐射应急监测能力。

2.6　安徽省推进长三角生态环境共保联治的主要方向

党中央提出的长三角更高质量一体化发展是总结国际经验、适应经济新常态、推进生态文明建设、实现高质量发展的重要战略抉择，更高质量一体化发展彰显了以习近平同志为核心的党中央治国理政新理念。安徽省在协同实施区域共保联治方面，要做到坚持共建共享和共保联治，落实推动共建"一带一路"、统筹推进长江经济带发展、长三角一体化发展、中部地区高质量发展等国家战略，聚焦生态环境保护区域性、跨界性重点难点问题，健全区域生态环境保护协作机制，探索建立区域生态环境共保联治新路径。

2.6.1　提升创新发展动力

创新发展是长三角地区破解污染难题、实现高质量发展的关键动力。生态环境保护要重视科技创新的引领作用，强化创新驱动力，推动绿色、循环、低碳发展。加强长三角生态环境共保联治，创新是第一动力，充分利用区内张江、合肥两个综合性国家科学中心智力资源，发挥科技创新的引领作用，提升长三角地区产业技术水平，提高能源利用效率，预防和减少污染物排放，依托技术加强生态环境治理与修复。以创新推进生态环境共保联治，从源头上减少污染物排放，强化生态建设与污染防治，实现经济发展与生态环境保护的共赢。

例如，逐步建立长三角地区挥发性有机物排放基础信息库，摸清各地挥发性有机物排放清单及其环境影响；研究确定区域大气挥发性有机物排放控制总量及精细化防控思路，制定区域挥发性有机物精细化防控路线图；结合长三角地区已有的挥发性有机物排放标准，加快区域重点工业行业挥发性有机物相关标准的研究制定，逐步实现长三角地区内法规标准的对接；逐渐提高限制企业准入门槛，加快区域内挥发性有机物监测网络建设，加强重点园区挥发性有机物排放监管及污染溯源预警能力建设。积极推动传统产业清洁生产和循环化改造，完善再生水利用设施，工业生产、城市绿化、道路清洁、建筑施工和生态景观等用水适量使用再生水；切实提高用水效率，建立万元 GDP 水耗指标等区域性用水效率评估体系。加强节水技术和水污染治理技术的研发与应用，攻关研发前瞻性技术，提高水环境整治的科技支撑能力。

2.6.2 响应协调发展需要

长三角地区皖北、苏北等部分经济欠发达地区长期存在的城乡二元结构、区域发展失衡、生态环境恶化等问题，阻碍了区域高质量一体化发展。区域发展的协调性上有所不足，沿海区域发展优于内地，皖北、苏北和浙西地区发展仍然较为落后，区域内部存在发展不平衡现象。强化长三角生态环境共保联治，迫切需要提升发展的整体性、协调性。协调发展理念是推进长三角地区生态环境保护的基本要求，要以重视经济与社会、人与自然的协调发展为基本要求，积极响应人民群众对生态环境发展的新需求。加强生态环境保护各领域、部门、行业的统筹协调，统筹协调城乡一体化发展、区域协同化发展，重视并整合各阶层生态环境保护利益，实现环境公平和生态安全保障，以协调发展响应人民群众对高层次、高质量的生活、生产、生态发展新需求。

推动长三角地区遵循"共同但有区别"的原则，明确规定污染物排放总量在行业和地区层面应当承担与其排放总量比例相适应的减排责任，包括经济成本的承担责任和减排行为的履行责任。构建区域环境管理制度长效机制，以便从制度上突破运动式或时效性的污染治理方式。从利益协调机制入手，全面完善利益协调、生态补偿、信息共享、监督核查等机制，进一步加强区域协同治理的制度基础，促进区域环境治理一体化发展。

2.6.3 开辟绿色发展道路

要以绿色发展为重要抓手，推动长三角地区发展方式转型，积极发展循环经济和低碳经济，从源头上减少污染物排放，降低能耗强度和碳排放强度，大力发展绿色低碳产业。以绿色、循环、低碳为特征，在空间格局、产业结构、生产方式、生活方式等各个方面选择绿色低碳发展新道路，彻底摒弃传统的高能耗、高污染、高排放的粗放发展老路，特别是经济欠发达的皖北、苏北等地区。长三角地区要破解雾霾大气环境污染、生态破坏等诸多难题，必须加强绿色发展模式的构建和转型。在当前关闭污染企业、淘汰落后产能的利好环境下，避免落后产能"死灰复燃"，必须树立绿色发展理念，需要经济发展相对落后的区域加快发展理念的转变，也需要上海、浙江、江苏的经济发达地区在生产方式、生活方式、空间治理等方面绿色发展转型与产业结构升级上起到带头作用。

安徽应结合长三角一体化和高质量发展的要求，积极淘汰落后产能，整合现有的工业园区，按照构建现代化产业体系发展的目标，加快钢铁、有色、造纸、印染、制药、化工等污染较重企业的有序搬迁改造、整合或依法关停，切实降低重污染企业的布局密度。根据生态环境分区管控要求，明确环境准入条件，尤其要严格审批"两高"项目，并依靠科技创新加快实现产业升级。

2.6.4 整合开放发展资源

大气、水环境等污染具有空间流动性，一个区域的环境污染会影响到周边发展。因此，生态环境共保联治本身就是要求以开放为重要理念，联合各方资源，促进联合建设、预防、治理、研究，实现长三角地区共建、共管、共制、共研。一方面，必须正视区域内面临的全球性挑战和生态危机，作为一个整体积极参与国际谈判、竞争与合作，积极参与全球生态治理，在新技术、新能源、新材料等领域加强合作，化危机为生机。另一方面，要加强区域内各方面的开放发展与资源整合，积极主动扩大对区域外部资源的开放，坚持"引进来"，不断加强学习、消化、吸收和再创新；坚持"走出去"，开拓视野，打开市场，将先进绿色低碳技术和成果转化到长三角，促进区域能源利用效率提升与节能减排，以开放协同促进整个区域的生态环境治理。长三角地区科技资源丰富，创新人才聚集，应坚持开放发展，促进区域内外部资源的融合，特别是在生态环境建设中加快开放融合发展，加快大气污染、水体污染、土壤污染、固废处置等防控治理中的开放融合，形成生态保护与污染治理合力。

例如，开放发展方面，国家长江生态环境保护修复联合研究中心率先作出表率，即以沿江各市为单位，创新科研组织实施机制，组织国家级优势单位和专家深入基层一线，在每市成立一支央地结合的驻点跟踪研究工作组，开展驻点跟踪研究和技术指导，切实实现科研工作与实际需求紧密结合、研究成果及时落地应用，破解地方"有想法、没办法"的技术"瓶颈"，解决实际难题。安徽省应积极推动长三角地区借鉴国家长江生态环境保护修复联合研究中心的经验，依托已成立的长三角区域生态环境联合研究中心，联合相关部门开展长三角地区生态环境保护科技联合攻关，为长三角地区实现"一体化融合，高质量发展"提供针对性的、强有力的科技支撑。

2.6.5 创新联防联控体制机制

2.6.5.1 深化大气污染联防联控机制
（1）大气污染联防联控方案

以大气污染联防联控办公室为协调指导，以改善长三角地区环境空气质量，减少 $PM_{2.5}$ 和 O_3 为目标，基于大气环境质量划分不同等级的控制区域，设定共同但有区别的目标，针对能源、产业、交通、工业、建筑、生活、能源七大领域提出长三角地区大气污染联防联控方案。区域层面充分发挥"五统一"的工作机制，即将规划、防治、监测、评估和监管进行统一。

（2）机动车联合防治方案

针对跨区域流动的重点交通源，制定长三角地区机动车污染联合防治方案。建立黄标车信息共享机制，对进入限行路段的区域牌照黄标车实施统一监管、当地罚款；严格限制区域内黄标车和拟淘汰老旧车转移。

（3）船舶联合防治方案

依据长三角地区相关研究和标准制定，统一在用船舶黑烟监测与执法方法，以及内河船舶地方排放标准；建立区域船舶环保信息共享平台和定期更新机制；共同推进高污染老旧船舶的淘汰进程，鼓励老旧运输船舶提前退出航运市场。

（4）挥发性有机物（VOCs）联合防治方案

逐步建立区域挥发性有机物排放基础信息库，摸清各地挥发性有机物排放清单及其环境影响；研究确定区域大气挥发性有机物排放控制总量及精细化防控思路，制定区域挥发性有机物精细化防控路线图；结合已颁布挥发性有机物排放标准，加快区域重点工业行业挥发性有机物相关标准制定出台，逐步实现长三角地区法规标准的对接；逐渐提高企业准入门槛，加快区域内挥发性有机物监测网络建设，加强重点园区挥发性有机物排放监管及污染溯源预警能力建设。

2.6.5.2　建立跨省流域水污染联防联控机制

为科学合理统筹跨省流域的发展和保护，应结合长三角地区各流域生态服务功能价值和社会经济基础，合理划分水生态功能分区，明确不同分区的主导生态-经济功能和开发管制要求，科学核定不同河段、不同区域水环境和水生态功能，按照水生态功能分区的要求，严格实施水质目标管理。

（1）科学核定水环境和水生态功能

根据区域内各流域河流的环境容量，合理确定开发方向和强度，规范空间开发秩序，综合协调各省（市）在经济社会发展与资源水环境之间的矛盾。结合各流域生态服务功能价值和社会经济基础，合理划分水生态功能分区，按照水功能区要求，明确不同分区的主导生态-经济功能和开发管制要求，严格实施水质目标管理。同时，通过分类考核、财政转移支付、产业转移、生态补偿等措施，统筹协调区域内水环境的发展与保护、流域上下游之间的关系。通过合理划定区域内禁止开发区、限制开发区、优化开发区和重点开发区环境准入负面清单，促进产业布局与水资源生态环境相协调。进而将水生态功能分区作为总量控制目标、污染控制措施、环保准入条件、产业结构调整政策、减排重点工程以及生态保护措施等水环境分类管理的基本单元。

（2）建立健全跨省流域的水环境联防联控机制

为实现区域内水环境治理的统一规划、行动、监管和管理。首先，制定统一的水环境综合规划，明确不同层级相关行政管理机构、企业、居民等水环境相关组织的责任与权力、奖惩办法、利益分享方案。其次，制定统一的水生态环境管理目标，加快建立完善省际水污染防治联动协作机制和水资源调动联动协作机制，统筹水质管理、水量分配和水生态保护，形成共同治理与保护机制。再次，严格执行统一的流域水污染排放标准，控制相关污染物排放总量，并有效加强对排放标准执行的监督，避免上游将污染处理压力转移到下游；另外，严格环境执法监管，加快完善区域内水污染防治、排污许可证管理、总量指标有偿使用和交易等制度。最后，积极完善水环境监测网络，统一规划设置监测断面；积极提高环境监管能力，加快推行环境监管网格化管理。

（3）建立污染治理的倒逼机制和激励机制

首先，尽快建立区域内统一的污水处理费、水资源费征收管理办法，依法落实水环境保护、节能节水、资源综合利用方面的税收优惠政策。其次，通过环境绩效合同服务、首选开发经营权等方式，引导社会资本参与水环境保护投入。再次，增加政府资金投入，重点支持污水处理、污泥处置、河道整治、饮用水水源保护、水生态修复等项目。最后，通过发放优惠贷款等形式，鼓励治污企业发展，形成良性循环、绿色发展的倒逼机制；推行绿色信贷，发挥金融机构在水环境保护中的作用，重点支持循环经济、污水处理、水生态环境保护、可再生能源等领域，形成企业参与水污染治理和绿色发展的激励机制。

2.6.5.3 构建区域生态环境保护和治理协作机制

生态环境保护和治理政府间协作程度可以通过"利益共同体"理念，将环境绩效评估纳入各级地方政府政绩考核、建立区域生态环境协调管理机构等措施来提高。

（1）强化"利益共同体"理念，制定刚性约束制度

区域内各地方政府为了协调相互间关系，往往通过加强横向间管理协作来实现共同利益，但这种协作关系处于非制度化状态，缺乏强有力的制度保障，为打破行政区划的刚性束缚，应将"利益共同体"理念作为实现生态环境治理政府间协作的前提，各地方政府从跨区域生态环境保护和治理的基本点出发，彼此达成共识，建立起突破行政区划的具有刚性约束的制度化合作组织。

（2）加大重点生态功能区建设和生态修复

首先，加大长三角区域内重点生态功能区保护力度，以各类生态保护地为节点，提高生态保护区域的连通性，构建形成区域生态廊道和生物多样性保护网络，尤其要重点建设敏感区内各类生态缓冲带廊道，通过这些区域性的生态廊道与生物多样性保护重点地区建立有机的联系，并与各城市生态网络进行衔接。同时，区域生态网络建设要强调通过生态缓冲带将城市空间进行有效分割，减少大面积同质生态环境无序蔓延，维护保障区域安全的生态屏障。其次，加快实施区域内重要生态功能区生态系统修复工程，重视水网、湿地、林地等多种生态系统的协同治理与修复，保护生物多样性，增强生态产品的生产能力，完善生态系统服务功能，保障生态系统健康安全。

2.6.5.4　建立区域环境风险联防联控体系

结合三省一市各自实际情况，以保护生态环境、保护人民生命财产安全为目的，以完善的相关法律法规体系为保障，以统一的工作运行机制为支撑，对长三角地区环境风险进行联防联控。

（1）建立多维参与的环境风险联防联控体系

环境风险联防联控合作不仅涉及各级地方政府，还包括各相关部门、公众等。因此，长三角区域应当建立一个协调多维参与、协作共治的环境风险联防联控体系。首先，应当建立省级政府之间、省级政府和地方政府之间的合作关系，强化各自在环境风险管理与协作间的重视力度，就区域环境风险联防联控达成共识。其次，建立生态环境部门与其他相关部门之间的合作关系，环境风险的起因和导致的后果涉及多个部门，部门间建立合作关系能够更加快速有效预防和应对环境风险。最后，要建立政府与企业、公众之间的参与合作，强化企业与公众的安全意识，提高其自救互救能力。同时，加强公众和企业参与环境风险管理的力度，发挥其重要的监督作用，尽可能减小环境风险的发生概率，并提高环境风险的应急管控效果。

（2）完善法律法规指导体系

区域环境风险联防联控涉及多个主体间的合作，法律法规可以成为有效合作的强有力的保障，并且可以维护跨区域、跨部门间的合作秩序。因此，应当探索建立区域环境风险联防联控的法律法规体系，明确各地政府以及各个相关部门在联防联控活动中的职责权限，同时对各级政府、部门在合作过程中行使权力、分担责任、分摊费用、损害补偿等作出明确规定。加快推动长三角区域环境风险联防联控走向一条法治化、规范化和制度化的道路。

（3）设立区域合作的协调机构

为更好地进行区域环境风险联防联控，不仅要有完善的制度和法律保障，更需要建立一个合作协调机构。为保证环境风险联防联控工作能够顺利推进，提升应对环境风险的综合水平，长三角区域应建立专门机构牵头协调环境风险联防联控工作，负责对环境风险联防联控工作进行统一的规划、对相关的法律法规进行制定和监督实施、对合作地区和部门之间的利益与冲突进行协调，以达到有效联合预防和控制环境风险的目标。

（4）建立环境风险联防联控运行机制

为更好地对区域内各地环境风险进行联防联控和优先管理，确保各地政府不将目光局限于本地区的小范围，而能着眼于长三角一体化发展，应当建立统一环境风险联防联控规划监管、预警联动、信息共享、利益协调、激励和补偿、约束与监督等六大运行机制，实现区域经济发展和环境安全"双赢"。

（5）建立跨省固体废物污染防治联防联控机制

近年来，固体废物跨省非法倾倒、转移、处置中，安徽省的案件高发、频发，且大部分来自长三角区域发达省（市），应建立有效的打击固体废物非法倾倒、转移长三角区域联防联控机制。根据《安徽省人民政府关于建立固体废物污染防控长效机制的意见》（皖政〔2018〕51 号）、《安徽省网格化环境监管固体废物监督管理实施办法》（皖环函〔2018〕1328 号），全面加强固体废物全过程监督管理，压实污染防控责任，依法查处、严厉打击环境违法行为。

2.6.6　推进科学技术发展

（1）加快推进科技成果转化

着力解决科技成果转化"最先一公里"问题，构建"政-产-学-研-用-金"六位一体的科技成果转化机制，加快将创新优势转化为产业优势。

强化需求导向的科技成果供给。改革科技项目立项和组织实施方式，推动企业等技术需求方深度参与应用基础研究、关键核心技术攻关等项目立项、过程管理、验收评估全过程，产出高价值、适合转化的科技成果。支持高校院所联合创新企业共同实施一批重大科技成果工程化研发项目。

加强科技成果转化载体建设。依托安徽创新馆建设省、市、县三级联动、线上线下互动的全省统一科技大市场。完善新型研发机构科技成果转化功能，加强科技成果转化中试基地建设。着力发展一批专业化科技中介服务机构，培育一批高素质、复合型技术经理人。组建高水平、综合性省科技成果转化促进中心，支持有条件的地区建设专业化科技成果转化促进中心。支持合芜蚌创建国家科技成果转移转化示范区。

创新科技成果转化支持方式。围绕重点领域科技成果转化，探索新技术、新产品、新模式的行业准入机制，率先在具备条件的地区和领域试点建设应用场景示范工程，促进科技成果在生产、生活中广泛应用。完善"创新成果+园区+基金+'三重一创'"科技成果转化"四融"模式。健全科技应用示范项目与政府采购相结合机制，推动创新产品研发和规模化应用。建立支持企业创新的金融联盟体系，鼓励银行业金融机构设立科技支行，健全省级科技信贷风险补偿机制，引导省级种子投资基金、风险投资基金、科技成果转化引导基金集中支持科技成果转化。

（2）完善科技与创新体制机制

推动科技与体制机制创新"双轮驱动"，深入推进全面创新改革试验，扩大创新开放合作，形成充满活力的科技管理体制和运行机制。

深入推进全面创新改革试验。按照系统集成、协同高效的原则，联合沪苏浙共同推进长三角地区全面创新改革试验，强化关键核心技术联合攻关，提升科技成果转化效率，推动新兴产业协同发展，增强创新要素共享流动，形成一批彰显安徽特色的创新改革成果和品牌，加快构建长三角一体化协同创新长效机制。支持合肥综合性国家科学中心在科研管理、成果转化、人才激励、要素配置等方面开展改革试点，构建符合创新发展规律、科技管理规律和人才成长规律的创新生态。

深化科技管理体制改革。优化整合省级科技创新基地，推动重点领域项目、基地、人才、资金一体化配置。改进科技项目组织管理方式，赋予创新领军人才更大技术路线决定权和经费使用权，试点推行科研管理"绿色通道"、科研经费"包干制"、财务报销责任告知和信用承诺制。加快推进科研院所分类改革，进一步扩大编制管理、人员聘用、职称评定、绩效激励等方面的创新自主权。完善高校院所增加科研投入的激励政策和机制。引导加大全社会研发投入，健全基础前沿研究政府投入为主、社会多渠道投入机制。弘扬科学精神，加强科普工作，营造崇尚创新的社会氛围。

进一步扩大创新开放合作。积极引进国内外知名高校、科研院所在皖设立分支机构。支持高校院所和企业积极参与国际大科学计划和工程，布局国际科技合作网络，跨国设立国际化研发中心。优化发展一批国家级国际科技合作基地，完善布局一批省级科技合作基地。加强与京津冀、粤港澳大湾区等区域科技创新合作交流。积极参与"一带一路"科技创新行动计划。

2.6.7　完善生态补偿机制

目前，我国生态补偿资金的来源渠道主要包括财政转移支付和专项基金。其中，前者是生态补偿最主要的资金来源。在我国用于生态补偿的财政转移支付中，呈现出明显的"纵多横少"格局。从实现长三角可持续发展的角度出发，有必要推动生态补偿方式从"输血型"向"造血型"补偿为主转变。比较可行的手段包括项目合作、投资诱导、技术扶持等。为此，应出台强有力的投资诱导政策和技术扶持政策，鼓励经济和科技发展水平相对较高的长江下游省市将节能环保技术和生态型产业向上游地区转移扩散。在产业和技术转移的方式上，可以综合运用园区共建、项目合作、技术培训等多种方式。这不仅有助于推动上游地区在推动生态环境保护的过程中实现产业结构、产品技术的跨越式升级，而且有助于下游地区扩大产业发展腹地、实现规模扩张，营造长三角合作共赢、互惠互利的一体化发展环境。

建立多元化、多渠道的生态补偿资金长效投入机制是长三角跨省域生态补偿机制得以正常运转的必要前提。从安徽省实际出发，有必要构建"以横向财政转移支付为主，纵向财政转移支付为辅，其他资金为补充"的生态补偿资金体系。从长期来看，主要依靠中央对地方的纵向转移支付进行生态补偿既不现实也不公平。因为，它不仅与"谁受益、谁付费"的原则相背离，也违背了财政转移支付实现二次分配公平的初衷。与纵向财政转移支付相比，横向财政转移支付明确了双方的权利义务关系，有利于最大程度地调动生态补偿直接利益相关方的积极性，实现权、责、利的统一。为此，安徽应着力扩大横向财政转移支付规模，如加快建立长三角"皖电东送"空气质量生态补偿机制、洪泽湖水环境生态补偿机制、长江流域跨省水环境生态补偿机制等。

第3章

安徽省生态空间保护与建设研究

3.1 区域概况

3.1.1 自然环境状况

安徽地处中国华东地区，在经济区划上属于中国东部经济区。其地理位置在东经114°54′～119°37′、北纬29°41′～34°38′。其地处长江、淮河中下游，位于长江三角洲腹地，居中靠东，沿江通海，东西宽450 km，南北长570 km。辖境面积14.01万km²，土地面积13.94万km²，占全国的1.45%，居第22位。截至2021年5月，安徽省共有16个地级市，9个县级市，50个县，45个市辖区，249个街道办事处，1 239个乡镇。

安徽大地，既横跨中国大陆南北两大板块，又临近欧亚大陆板块与北太平洋板块的衔接之处，无论是地质发育历史、地层发育、岩浆活动、地壳变质，还是构造活动、构造体系等方面，南北差异明显且矿产资源种类较多。

安徽省平原、台地（岗地）、丘陵、山地等地形地貌类型齐全，可将全省分成淮河平原区、江淮台地丘陵区、皖西丘陵山地区、沿江平原区、皖南丘陵山地区五个地貌区，分别占全省面积的30.48%、17.56%、10.11%、24.91%和16.94%。安徽有天目—白际山脉、黄山和九华山，三大山脉之间为新安江、水阳江、青弋江谷地，地势由山地核心向谷地渐次下降，形成由中山、低山、丘陵、台地和平原组成的层状地貌格局。山地多呈北东向和近东西向展布，其中最高峰为黄山莲花峰，海拔为1 864.8 m。山间镶嵌大小不一的盆地，其中以休歙盆地面积为最大。

安徽省共有河流2 000多条，河流除南部新安江水系属钱塘江流域外，其余均属长江、淮河流域。长江自江西省湖口进入安徽省境内，经和县乌江后，流入江苏省境内，由西南向东北斜贯安徽南部，属于长江下游，流域面积达 6.6 万 km²。长江在安徽境内流经约 400 km，淮河在省内流经约 430 km，新安江在省内流经约 242 km。

安徽省共有湖泊 580 多个，总面积为 1 750 km²，其中大型湖泊 12 个、中型湖泊 37 个，湖泊主要分布在长江、淮河沿岸，面积为 1 250 km²，占全省湖泊总面积的 71%。淮河流域有八里河、城西湖、城东湖、焦岗湖、瓦埠湖、高塘湖、花园湖、女山湖、七里湖、沂湖、洋湖等 11 个湖泊，长江流域有巢湖、南漪湖、华阳河湖泊群、武昌湖、菜子湖、白荡湖、陈瑶湖、升金湖、黄陂湖、石臼湖等 10 个湖泊。其中，巢湖面积 770 km²，为安徽省最大的湖泊，全国第五大淡水湖。

安徽省共有 5 个土纲、8 个亚纲、13 个土类、34 个亚类、111 个土属和 218 个土种。5 个土纲分别是铁铝土纲、淋溶土纲、潴育土纲、半水成土纲和人为土纲。13 个土类分别是红壤、黄壤、黄棕壤、黄褐土、棕壤、石灰（岩）土、紫色土、石质土、粗骨土、山地草甸土、砂姜（礓）黑土、潮土和水稻土。

安徽省在气候上属暖温带与亚热带的过渡地区。在淮河以北属暖温带半湿润季风气候，淮河以南属亚热带湿润季风气候。其主要特点是：季风明显、四季分明、春暖多变、夏雨集中、秋高气爽、冬季寒冷。安徽又地处中纬度地带，随季风的递转，降水会发生明显季节变化，是季风气候明显的区域之一。

3.1.2　经济社会概况

2022 年，全省生产总值 45 045 亿元，比上年增长 3.5%。三次产业协同发展，第一产业增加值 3 513.7 亿元，增长 4%；第二产业增加值 18 588 亿元，增长 5.1%，其中工业增加值占 GDP 比重由上年的 30.1%提升至 30.6%，制造业增加值占 GDP 比重由 26.2%提升至 26.5%；第三产业增加值 22 943.3 亿元，增长 2.2%。三次产业结构由上年的 7.9∶40.5∶51.6 调整为 7.8∶41.3∶50.9。预计全年全员劳动生产率 140 722 元/人，比上年增加 8 900 元/人。按常住人口计算，人均地区生产总值 73 603 元（折合 10 943 美元），比上年增加 3 927 元。

新兴动能不断增强。全年高技术制造业增加值较上年增长 10.3%，占规模以上工业增加值的比重达 14.2%；装备制造业增加值增长 12.8%，占规模以上工业增加值的比重为 35.2%；工业战略性新兴产业产值增长 13.8%，其中新能源产业、新能源汽车产业产值分别增长 59%和 33.6%。网上零售额 3 435.6 亿元，增长 9.5%。其中，实物商品网上零售额 3 019 亿元，增长 11.4%。高技术产业投资增长 37.6%，其中高技术制造业投资增长 44.8%。全年新登记市场主体 118.5 万户，日均新登记企业 1 101 户，年末市场主体总数达 729.8 万户。

2022 年年末，全省常住人口 6 127 万人，较上年年末增加 14 万人；常住人口城镇化率为 60.2%，较上年提高 0.8 个百分点。

3.1.3　生态环境保护状况

安徽省位于华东腹地，属中国南北方的过渡地带，是连接东西部的关键纽带，生态区位极其重要。省内大别山区和皖南山区不仅是长江、淮河和新安江水系中诸多中小型河流的发源地及水库水源涵养区，也是我国生物多样性保护重点区域。沿江、沿淮湿地有重要的洪水调节功能，可保障长江下游、淮河中下游沿岸城市的防洪安全。

3.1.3.1　生物多样性概况

（1）生态系统多样性

安徽省生态系统可分为森林、草地、湿地、农田、城市等五大类型（安徽省2020年土地覆被状况见附图1）。安徽省目前较完整的森林生态系统，仅存在于大别山区和皖南山区，其他地区森林生态系统规模较小，或不具有空间连续性。不过，整体上森林生态系统类型较为丰富。此外，由长江和淮河两大水系串连的湖泊湿地，构成了安徽省的天然湿地生态系统，在中国东部过渡地理带具有典型性，同时人工湿地也较为丰富。

农业生态系统是安徽省最大的生态系统，仅耕地就占到全省土地总面积的42.5%，可以分为淮北平原旱作农业生态系统、江淮丘陵水旱轮作农业生态系统、江淮南部和沿江、江南水田生态系统以及各地兼有的园地农业生态系统和粮林复合农业生态系统（安徽省植被类型见附图2）。

城市生态系统是特定地域内人口、资源和环境通过各种关系建立起来的人类聚居的自然、社会、经济复合体。城市是地域自然环境的一部分，其本身不是一个可以自我维持的稳定生态系统，不过城市具有自然生态系统的某些特征。

（2）物种多样性

目前，全省已知脊椎动物730种，约占全国种数的26%，其中国家一级保护野生动物42种，国家二级保护野生动物113种；高等植物3 645种，约占全国种数的13.1%，其中国家一级保护野生植物9种（类），国家二级保护野生植物60种（类）。

代表性动物物种有安徽麝、黑麂、黄山短尾猴、金头闭壳龟、长江江豚、东方白鹳、白鹤、白头鹤、白琵鹭、金雕等，世界极度濒危物种扬子鳄野生种群仅分布于安徽中部的长江流域。代表性植物物种有南方红豆杉、银缕梅、长序榆、大别山五针松等。

近年来，东方白鹳、黑脸琵鹭等"鸟中国宝"追逐嬉戏的场景重现巢湖，野生鸳鸯在淮南大通区湿地结伴戏水，青头潜鸭"落户"合肥黄陂湖，丹顶鹤再现马鞍山石臼湖。长江水生生物资源呈现恢复趋势，安庆段长江江豚种群数量由2018年的130～150头上升到2021年的180～200头，越来越多的河湖恢复生机。新物种、新记录种捷报频传。安徽金寨天马国家级自然保护区发现植物新种金寨瑞香，黄山风景区发现昆虫、真菌新种多种。消失近20年的平胸龟、食蟹獴、鹰雕等物种再现黄山九龙峰省级自然保护区。

3.1.3.2　湿地生态系统

安徽地跨长江、淮河、新安江三大流域，其中，长江、淮河位居全国七大水系之列。据安徽省第二次湿地资源调查，安徽省湿地包括四类八型，即河流湿地、湖泊湿地、沼泽湿地、人工湿地四类和永久性河流、洪泛平原湿地、永久性淡水湖、草本沼泽、灌丛沼泽、库塘、水产养殖场、运河输水河八型，全省面积达 8 hm²（含 8 hm²）以上的湿地斑块（不含稻田、冬水田）以及宽度 10 m 以上、长度 5 km 以上的河流湿地斑块，共 13 156 个，总面积 104.18 万 hm²，占全省土地总面积的 7.47%（安徽省湿地生态系统分布见附图 3）。

截至 2020 年年底，全省已建湿地类型自然保护区 23 处，总面积 301 882.8 hm²，占全省土地面积的 2.17%，占自然湿地总面积的 42.31%；已建湿地公园试点单位 21 处，总面积 68 426.73 hm²，占全省自然湿地总面积的 9.59%；已建湿地自然保护区和湿地公园总面积达 370 309.53 hm²，占全省土地面积的 2.66%。

3.1.3.3　森林生态系统

安徽省森林主要分布在皖南山区和大别山区，皖东南丘陵也是森林分布区；淮河以北的暖温带森林植被仅在宿州市局部尚有残存。淮北平原地区仅在部分残丘及庙宇周围尚保存着以栓皮栎、槲栎、槲树、元宝槭、五角枫及朴树等为优势种的较典型暖温带落叶阔叶林，以及以侧柏为建群种的暖温带针叶林。江淮丘陵及大别山北坡为北亚热带常绿落叶阔叶混交林带，仅在大别山北坡个别地方，尚有部分以苦槠、青冈、石栎、栓皮栎、短柄枹、鹅耳枥、化香等为建群种的混交林。皖东低山丘陵的个别低山尚保存着一些含有常绿灌木的落叶阔叶林。大别山南坡及长江以南属于中亚热带常绿阔叶林带，是全省森林资源丰富、树种多样的地区，森林的组成是以壳斗科的青冈、甜槠、小叶青冈、棉槠，樟科的樟树、紫楠、红楠、豺皮樟及山茶科的木荷等为建群种的常绿阔叶林。在黄山及周边地区保存着部分较为完整的天然常绿阔叶林，保育有中国南方区系种类和多种珍贵、稀有树种，也展现了中亚热带常绿阔叶林带的北缘特征。

2020 年全省林业用地面积 449 万 hm²，森林总面积 417.53 万 hm²，活立木总蓄积量 27 356 万 m³，森林覆盖率 30.22%（安徽省森林资源分布见附图 4），经济林树种单调和层次单一，林木稀疏，物种多样性低，疏林地和灌木林地林层结构不完整、生物量小，所提供的生态系统服务功能低下。

乔木林分中，用材林达 90%，薪炭林 3%，防护林和特用林共计占 7%。用材林是以木材为主要林产品，兼有发挥森林生态效益的林种；薪炭林是作为农村再生能源需要的实用性林种，多以速生的树种构成，因此用材林和薪炭林难以长期稳定发挥生态功能。从林龄来看，中幼林蓄积量占总蓄积量的 79%。

总体上，安徽省森林植被的空间连续性受到一定破坏，形成南多北少、山区多平原丘陵少的基本格局，当前有林地以天然次生林和人工林为主，多处于自然演化的低级阶段，虽然近期林业用地有所增加，森林覆盖率逐渐提高，但系统结构和功能改善不显著，服务功能缺陷和脆弱性依然明显，演替趋势具有不确定性，资源利用与资源潜力保护的矛盾仍然突出。

3.1.3.4　矿山生态现状

安徽矿产资源蕴藏量丰富，煤、铁、铜、硫、明矾石为五大优势矿产，是全国矿种较全、含量较多的省份之一（安徽省矿产资源现状分布见附图5）。以马鞍山为重点的钢铁工业、以安庆为基地的石油化工工业、以铜陵为中心的有色金属工业和淮南、淮北两大煤炭基地在全国均占有重要地位。

截至2019年年底，全省已发现的矿种128种（亚矿种161种），查明资源储量的矿种108种（含亚矿种），其中能源矿种6种，金属矿种23种，非金属矿种77种，水气矿种2种。新增查明资源储量的大中型矿产地16处。全省重要矿山分布地区因矿产资源开采造成的生态破坏状况，主要指两淮地区煤矿、沿江地区金属矿山、石灰岩矿山和其他类型小型矿山开采过程中的生态破坏类型、面积、分布及其影响等。

安徽省境内各类矿山占用的土地总面积为35 456.7 hm²，其中露天采矿场用地699 hm²，排土场用地626 hm²，尾矿库用地1 194 hm²，塌陷区用地23 128.7 hm²，其他生产、生活等辅助设施用地9 809 hm²。矿山用地中的塌陷区用地为矿山用地的主要部分，占总用地面积的65%。而全省矿产开采主要占用耕地、林地、草地，占总用地面积的70%，其中占用耕地22 481 hm²，林地1 332 hm²，草地939 hm²，这导致土地生态系统破坏，土地质量恢复和再利用变得困难。

3.1.3.5　土壤侵蚀概况

安徽省降水丰富，山地、丘陵和岗地分布广，局部坡度较大，部分地区水土流失较为严重。全省水土流失面积1.2×10⁴ km²。全省土壤侵蚀等级在轻度侵蚀以上水土流失面积为12 039.48 km²，其中轻度10 632.71 km²，占水土流失面积的88.32%；中度783.52 km²，占水土流失面积的6.51%；强烈372.20 km²，占水土流失面积的3.09%；极强烈177.75 km²，占水土流失面积的1.48%；剧烈73.30 km²，占水土流失面积的0.61%。

安徽省水土流失主要集中在皖西大别山区和皖南山丘区，其次是江淮丘陵岗地。全省年平均土壤流失量为5 547×10⁴ t。大别山区的安庆市、六安市，皖南山区的黄山市、池州市和宣城市以及江淮地区的滁州市和合肥市是全省水土流失的主要发生地（安徽省土壤侵蚀强度分级见附图6）。

3.1.3.6　水资源与水环境

安徽省多年平均降水总量为1 636.34×10⁸ m³，地表水资源量为525.41×10⁴ m³，地下水资源量为144.543×10⁴ m³，扣除重复计算量后，全省水资源总量约为585.59×10⁴ m³。从空间分布来看，南部地区的安庆、黄山、宣城、池州、芜湖等市多年平均地表水资源量占全省总量70%（安徽省水系及流域分区见附图7）。从季节分布来看，淮河流域降水多集中在6—9月，江淮地区集中在5—8月，长江以南和新安江流域集中在4—7月。全省人均地表水资源占有量为 974.54 m³，人均水资源占有量较低，全省总体上属于重度缺水区，但南部地区水量丰沛。除安庆、黄山、宣城、池州等市外，人均水资源量均低于全国平均水平。江淮分水岭以北的广大地区人均占有量均低于国际公认人均 1 000 m³ 的缺水警戒线。

2020 年，安徽省地表水体总体水质状况为良好。监测的 136 条河流、37 个湖泊水库的 321 个地表水监测断面（点位）中，Ⅰ～Ⅲ类水质断面（点位）占 76.3%，同比上升 3.5 个百分点；无劣Ⅴ类水质断面（点位）。"十三五"期间，全省地表水环境质量有所改善，总体水质状况由轻度污染好转为良好，Ⅰ～Ⅲ类断面（点位）比例上升 6.7 个百分点，劣Ⅴ类断面（点位）实现清零。水质综合指数下降 22.5%，氨氮、总磷、化学需氧量浓度分别下降 52.6%、40.2%、9.6%。

2020 年，对 16 个设区市 43 个在用集中式生活饮用水水源地（其中地表水源地 27 个、地下水源地 16 个）开展了水质监测，除亳州市地下水源地因地质原因氟化物超标外，其余 15 个设区市达标率均为 100%。同年，对 9 个县级市和 52 个县城所有镇（含黄山市的黄山区和徽州区）的 73 个集中式生活饮用水水源地（其中地表水源地 60 个、地下水源地 13 个）开展监测，水源地个数达标比例为 90.4%，同比上升 0.5 个百分点。

3.1.3.7　城市生态系统

安徽省以创建园林城市为抓手，认真制定或修订城市绿地系统规划，强化绿线管制制度，大力实施河、湖、沟、塘地段环境综合整治，积极推进城市生态系统建设。全省现有国家园林城市 11 个，国家园林县城 3 个，国家园林城镇 1 个，省级园林城市 8 个，省级园林县城 22 个；国家森林城市 3 个，省级森林城市 9 个，省级森林城镇 113 个；国家水生态文明建设试点市 6 个，省级水生态文明城市 10 个，水环境优美乡村建设试点 28 个。2020 年，全省城市建成区绿化覆盖率 42.01%，建成区绿地率 38.49%，人均公园绿地面积 14.88 m²。

3.1.3.8　农田生态系统

1995 年以来，安徽省积极推广有机肥积造施用和秸秆还田技术，为耕地和基本农田质量的提高提供了物质基础。2005 年以来，实施测土配方施肥项目，现已覆盖 95 个县（市、区）。2007 年以来，在繁昌等 25 个县（市、区）实施土壤有机质提升试点补贴项目，并结合测土配方施肥项目开展耕地地力评价工作，目前已完成 64 个县（市、区）的耕地地力评价工作，全省 80% 的耕地面积已完成评价，基本查清了农田耕地地力等级状况和中低产田面积、类型与分布。通过实施土地整治、农业综合开发等工程，大力推进高标准农田建设，"十三五"期间，累计建成高标准农田 4 950 万亩。

3.1.4　主要生态问题

3.1.4.1　森林生态功能有待提升

全省森林植被空间呈现南多北少，山区多平原丘陵少且不连续的格局。林地以天然次生林和人工林为主，多处于自然演化的初级阶段。虽然林地面积整体有所增加，森林覆盖率逐渐提高，但森林生态系统结构和功能改善不显著，资源利用与保护修复之间仍存在矛盾。

3.1.4.2　河湖湿地存在不合理开发

湖泊围垦、泥沙淤积、环境污染、过度渔猎、江湖隔绝、生物入侵、基础设施建设和城市化等对湿地保护构成严重威胁，面积减少、类型单一、生态系统结构趋于简单，鱼类、水禽等的重要栖息地生态条件正在发生改变，湿地的生物多样性维护和洪水调节功能减弱。

3.1.4.3　水土流失问题较为突出

全省水土流失较为严重的地区集中在皖西大别山区和皖南山丘区，其次是江淮丘陵岗地。全省现有水土流失面积 12 039.48 km²，占全省土地总面积的 8.59%，中度以上水土流失面积占水土流失总面积的 11.68%。坡耕地、园地和经济林地仍是水土流失治理的重点和难点，同时建设项目、生产活动等也加剧了局部水土流失的发生和发展，水土流失防治任务依然十分艰巨。

3.1.4.4　矿山生态环境问题严峻

目前全省在建矿山 53 个，生产矿山（含停产）1 791 个。大中型规模的矿山数量相对较少，小型矿山多（超过 50%）。早期粗放式及过度开发，导致矿产资源开发问题突出，采空地面塌陷近 600 km²，采矿引发的岩溶塌陷近 10 km²，压占损毁各类土地面积达 930 km²，此外还有地形地貌景观破坏、含水层破坏、水土环境污染等一系列矿山地质环境问题。

3.1.4.5　生物多样性面临威胁

因自然灾害、基础工程建设、旅游开发等人为活动，野生动植物的原生生境遭到不同程度的破坏，栖息地岛屿化和破碎化加剧。外来物种，如凤眼莲、松材线虫、美国白蛾和加拿大一枝黄花等，对全省生态系统的稳定性和生物物种保护构成了一定威胁，并造成了较大的经济损失。

3.2　生态空间的识别

根据中共中央办公厅、国务院办公厅印发的《关于划定并严守生态保护红线的若干意见》，生态空间是指具有自然属性、以提供生态服务或生态产品为主体功能的国土空间，包括森林、草原、湿地、河流、湖泊、滩涂、岸线、海洋、荒地、荒漠、戈壁、冰川、高山冻原、无居民海岛等。

根据安徽省不同生态系统的生物多样性保护、水源涵养、水土保持等服务功能重要性综合评估结果与全省土壤侵蚀和地质灾害等生态环境敏感性综合评估结果，应用最新遥感影像解译成果，考虑维护省域森林、草地和湿地生态系统完整性、稳定性的要求，结合各级各类自然保护地强制性保护的需要以及地方生态空间保护需求，综合形成全省生态空间本底。

按照"三条控制线"（生态保护红线、永久基本农田、城镇开发边界）不交叉、不重叠的原则，先扣除生态空间本底中的永久基本农田、城镇开发边界、允许建设区、城镇村建设用地及工矿用地等，以及各级各类开发区边界和合法矿产地，再进行必要的图斑边界整饰，扣除独立细碎图斑（小于 1 km²）后，最后和 2022 年 9 月正式启用的安徽省生态保护红线叠加取并集，确保所有红线图斑块划入生态空间，最终形成全省生态空间，技术流程见图 3-1。

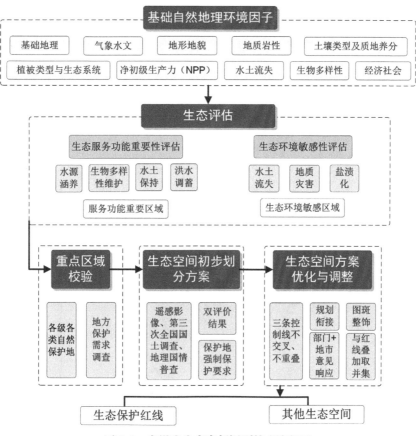

图 3-1　安徽省生态空间识别技术流程图

3.2.1　生态功能重要性评估

根据安徽省生态系统特征和生态安全格局，选取的生态系统服务功能重要性评估指标包括水源涵养、水土保持和生物多样性维护三项。

3.2.1.1　水源涵养功能

水源涵养是生态系统（如森林、草地等）通过其特有的结构与水相互作用，对降水进行截留、渗透、蓄积，并通过蒸散发实现对水流、水循环的调控，主要表现在缓和地表径流、补充地下水、减缓河流流量的季节波动、滞洪补枯、保证水质等方面。水源涵养功能重要性分为三级，即极重要、重要和一般重要。

安徽省水源涵养极重要地区面积为 2.96×10⁴ km²，占全省土地面积的 21.13%，主要分布在皖西大别山区、皖南山区，呈现片状分布，沿江、江淮滁州周边也有零散分布，主要是落叶与常绿阔叶林及针叶阔叶混交林生态系统；安徽省水源涵养重要地区面积为 3.21×10^4 km²，占全省土地面积的 22.91%，主要分布在极重要区的周边，主要为郁闭度较高的灌丛和覆盖度较高的草-灌丛复合生态系统（表 3-1 和图 3-2）。

表 3-1　安徽省水源涵养功能重要性分级结果

服务功能重要性分级		一般重要	重要	极重要	合计
水源涵养功能	面积/万 km²	7.84	3.21	2.96	14.01
	比例/%	55.96	22.91	21.13	100.00

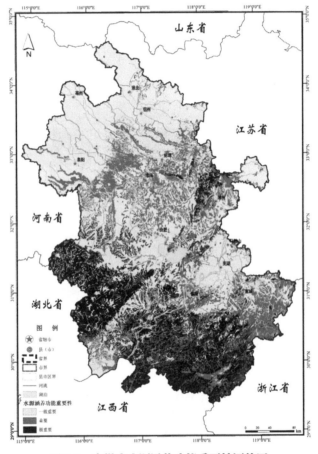

图 3-2　安徽省水源涵养功能重要性评估图

3.2.1.2　水土保持功能

水土保持是生态系统（如森林、草地等）通过其结构与过程减少水蚀导致的土壤侵蚀的作用，是生态系统提供的重要调节服务之一。水土保持功能主要与气候、土壤、地形和植被有关。水土保持功能重要性分为三级，即极重要、重要和一般重要。

安徽省水土保持功能极重要地区面积为 2.54×10^4 km²，占全省土地面积的 18.13%，主要分布在皖西大别山区、江淮滁州周边，呈现片状分布，皖南山区也有零散分布；安徽省水土保持功能重要地区面积为 $2.57 \times 10^4 \, km^2$，占全省土地面积的 18.34%，主要分布在江淮丘陵地带、皖南山区大部和极重要地区的周边地区；安徽省水土保持功能一般重要地区面积为 $8.90 \times 10^4 \, km^2$，占全省土地面积的 63.53%，主要分布在皖北和皖东沿江地区（表 3-2 和图 3-3）。

表 3-2　安徽省水土保持功能重要性分级结果

服务功能重要性分级		一般重要	重要	极重要	合计
水土保持功能	面积/万 km^2	8.90	2.57	2.54	14.01
	比例/%	63.53	18.34	18.13	100.00

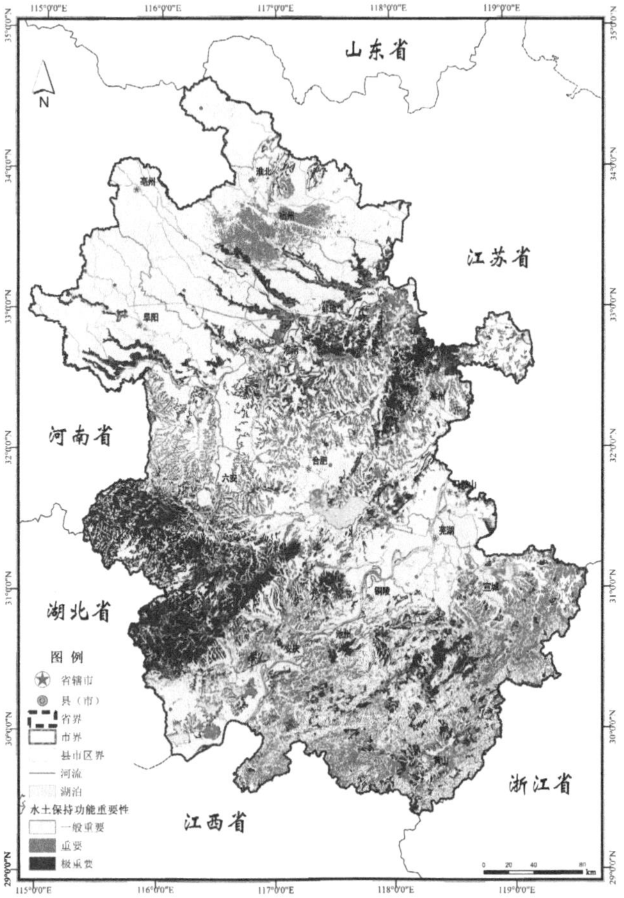

图 3-3　安徽省水土保持功能重要性评估图

3.2.1.3　生物多样性维护功能

生物多样性维护功能是生态系统（如森林、草地、湿地、荒漠等）在维持基因、物种、生态系统多样性中发挥的作用，是生态系统提供的最主要的功能之一。生物多样性维护功能与珍稀濒危和特有动植物的分布丰富程度密切相关，通常以国家一、二级保护物种和其他具有重要保护价值的物种作为生物多样性维护功能强弱的度量指标。生物多样性维护功能重要性分为三级，即极重要、重要和一般重要。

安徽省生物多样性保护极重要地区面积为 $2.91×10^4\,km^2$，占全省土地面积的 20.77%，主要分布在皖南山区以黄山、九华山为中心的中低山地区，宣城等地的低山区，以大别山区金寨天马国家级自然保护区、鹞落坪国家级自然保护区为中心的地区以及安庆、池州的沿长江湿地地区；生物多样性保护重要地区面积为 $5.66×10^4\,km^2$，占全省土地面积的 40.40%，主要分布在皖南山区南部边缘地带、沿江的低山丘陵地区、大别山南麓的中低山区及北麓的边缘地区、皖东丘陵、巢湖周边、淮河沿岸湿地等地区，在滁州市西部低山丘陵区也有分布；生物多样性保护一般重要地区面积为 $5.44×10^4\,km^2$，占全省土地面积的 38.83%，主要分布在淮北平原以及江淮之间地区，此等级地区多为农业用地，农耕历史悠久，人类活动影响大，全省城镇、工矿等基本分布于此等级范围内，基本没有保护物种和有特定意义的生态系统和生境分布（表 3-3 和图 3-4）。

表 3-3　安徽省生物多样性维护功能重要性分级结果

服务功能重要性分级		一般重要	重要	极重要	合计
生物多样性维护功能	面积/万 km²	5.44	5.66	2.91	14.01
	比例/%	38.83	40.40	20.77	100.00

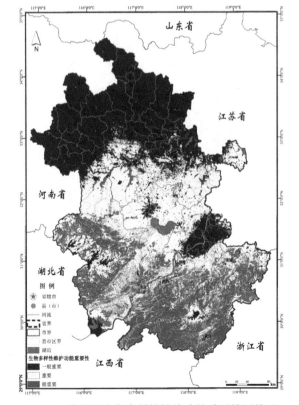

图 3-4　安徽省生物多样性维护功能重要性评估图

3.2.2　生态环境敏感性评估

根据安徽省生态系统特征和生态环境主要影响因子，选择水土流失和地质灾害两项指标进行生态环境敏感性评估，按照分区原则，辨识安徽省主要的生态环境敏感区域。

3.2.2.1　水土流失敏感性

如表 3-4 和图 3-5 所示，安徽省水土流失极敏感地区面积 0.50×10^4 km²，零星分布于皖南山区和大别山区地区，其中歙县与绩溪交界处、金寨县梅山与响洪甸水库区上游相对较为集中；敏感地区面积 4.11×10^4 km²，主要成片分布于皖西大别山区和皖南山区，零散分布于沿江江南和江北丘陵区。

表 3-4　安徽省水土流失敏感性分级结果

敏感性分级		一般敏感	敏感	极敏感	合计
水土流失敏感性	面积/万 km²	9.40	4.11	0.50	14.01
	比例/%	67.09	29.34	3.57	100.00

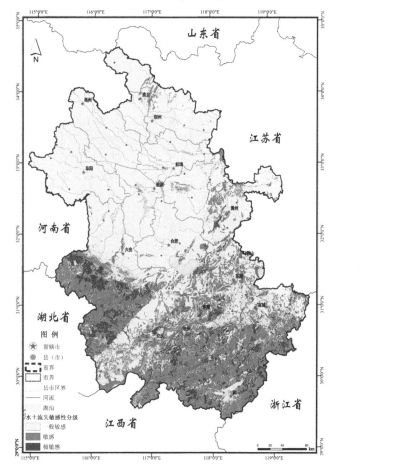

图 3-5　安徽省水土流失敏感性评估图

3.2.2.2 地质灾害敏感性

如表 3-5 和图 3-6 所示，安徽省境内地质灾害发生极敏感地区面积占 18.42%，主要分布在皖南和大别山区、沿江地区及江淮之间的低山丘陵地区，在铜陵、庐南、两淮等矿区也有集中分布。

表 3-5　安徽省地质灾害敏感性分级结果

敏感性分级		一般敏感	敏感	极敏感	合计
地质灾害敏感性	面积/万 km²	0.01	11.42	2.58	14.01
	比例/%	0.07	81.51	18.42	100.00

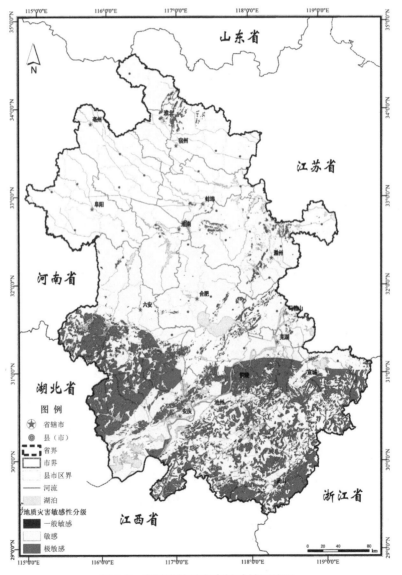

图 3-6　安徽省地质灾害敏感性评估图

3.2.3 全省自然保护地梳理

自然保护地是自然生态空间中最重要和最精华的部分，是全省生态建设的核心，是实施保护战略的基础。经过近 40 年的发展，安徽省已建立包括自然保护区、风景名胜区、地质公园、森林公园、湿地公园等各级各类自然保护地 300 多处（表 3-6 和图 3-7），在保护生物多样性、保存自然遗产、改善生态环境质量和维护生态安全方面发挥了重要作用。

表 3-6 安徽省自然保护地分类面积统计

类型	级别	数量/个	面积/hm²
自然保护区	国家级	8	143 889.20
	省级	30	256 020.10
	市级	5	76 038.75
	县级	67	132 109.33
	小计	110	608 057.38
森林公园	国家级	35	116 006.71
	省级	46	46 411.42
	小计	81	162 418.13
湿地公园	国家级	29	83 098.13
	省级	25	20 591.06
	市级	14	1 601.17
	小计	68	105 290.36
地质公园	国家级	14	111 786.60
	省级	2	2 576.00
	小计	16	114 362.60
风景名胜区	国家级	12	234 641.80
	省级	29	195 734.64
	小计	41	430 376.44
安徽省总计 （累计，不扣重叠）	—	316	1 420 504.91

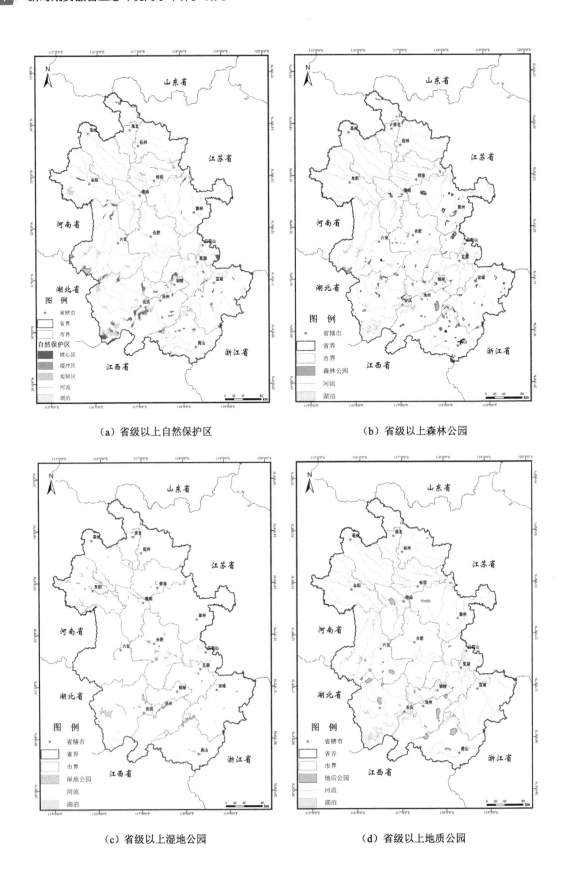

（a）省级以上自然保护区　　　　　　　　（b）省级以上森林公园

（c）省级以上湿地公园　　　　　　　　　（d）省级以上地质公园

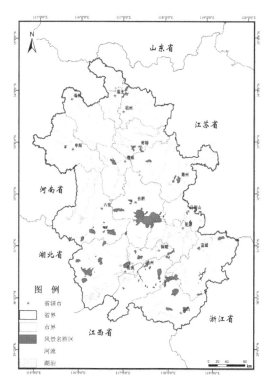

（e）省级以上风景名胜区

图 3-7 安徽省各类自然保护地分布图

安徽省现有自然保护区 110 个，批复面积 608 057.38 hm²，占全省土地面积的 4.34%。其中，国家级自然保护区 8 个，批复面积 143 889.20 hm²；省级保护区 30 个，面积 256 020.10 hm²；市级保护区 5 个，面积 76 038.75 hm²；县级保护区 67 个，面积 132 109.33 hm²。

安徽省现有地质公园 16 个，面积 114 362.60 hm²，占全省土地面积的 0.816%；森林公园 81 个，面积 162 418.13 hm²，占全省土地面积的 1.16%；湿地公园 68 个，面积 105 290.36 hm²，占全省土地面积的 0.75%。

安徽省现有风景名胜区 41 处，面积 430 376.44 hm²，占全省土地面积的 3.07%。其中，国家级 12 处，面积为 234 641.80 hm²，占风景名胜区面积的 54.52%；省级 29 处，面积为 195 734.64 hm²，占风景名胜区面积的 45.48%。

3.2.4 生态空间总体划定结果

依据图 3-1 技术流程，可识别出安徽省生态空间面积约为 41 903.29 km²，占全省土地面积的 29.89%。其中，生态保护红线面积为 19 625.05 km²，占生态空间面积的 46.83%，占全省土地面积的 14.00%（安徽省生态空间范围见附图 8）。

安徽省各省辖市生态保护红线和生态空间面积及占比见表 3-7。红线面积和生态空间面积占比由北向南整体呈现逐渐递增的趋势。皖北 6 市（亳州、阜阳、宿州、淮北、蚌埠、淮南）中，除宿州市外，其余 5 市生态空间的面积比例均未超过市域面积的 10%，这与安徽省北方为全国粮食主产区，主要为农田生态系统有关。其中，亳州和淮北生态空间面积比例最低，分别仅为市域面积的 1.60% 和 3.79%。沿淮的淮南、蚌埠和阜阳生态空间面积占比相对较高，分别为 9.45%、8.69% 和 8.28%，主要原因是沿淮分布的一些湖泊洼地属于生态空间。皖北的宿州生态空间面积占比相对也较高（10.59%），主要是萧县的皇藏峪地区和砀山古黄河地区生态空间集中分布的缘故。生态空间面积占比较大的省辖市集中在皖南和皖西，其中排名全省前 5 的省辖市有黄山（74.86%）、池州（65.64%）、宣城（52.00%）、安庆（44.25%）和六安（39.74%）。这与安徽省涉及的国家重点生态功能区、重要生态功能区和生物多样性保护优先区的分布相一致，也涵盖了安徽省红线空间格局中的皖西山地生态屏障和皖南山地丘陵生态屏障"两屏"和长江干流及沿江湿地生态廊道"轴"。

表 3-7　安徽省各省辖市生态保护红线和生态空间面积及占比汇总

行政区划代码	省辖市	省辖市市域面积/km²	红线面积/km²	红线面积占比/%	生态空间面积/km²	生态空间面积占比/%
340100	合肥市	11 445.62	1 228.47	9.61	2 328.15	20.34
340200	芜湖市	6 010.87	335.57	10.02	938.13	15.61
340300	蚌埠市	5 951.02	242.67	4.62	517.35	8.69
340400	淮南市	5 532.42	343.57	3.24	522.61	9.45
340500	马鞍山市	4 045.78	363.14	11.96	847.20	20.94
340600	淮北市	2 741.45	33.89	2.56	103.99	3.79
340700	铜陵市	2 992.14	481.13	13.68	890.54	29.76
340800	安庆市	13 525.97	2 993.80	22.11	5 984.74	44.25
341000	黄山市	9 681.27	3 377.44	39.98	7 247.60	74.86
341100	滁州市	13 520.27	856.89	11.82	2 454.92	18.16
341200	阜阳市	10 122.18	322.82	5.09	837.65	8.28
341300	宿州市	9 939.40	349.14	7.08	1 052.96	10.59
341500	六安市	15 453.43	3 838.63	14.90	6 141.91	39.74
341600	亳州市	8 522.66	42.80	1.10	136.46	1.60
341700	池州市	8 365.32	2 640.17	34.08	5 491.09	65.64
341800	宣城市	12 322.50	2 174.91	34.35	6 407.99	52.00
340000	全省	140 172.30	19 625.05	14.00	41 903.29	29.89

　　结合《安徽省主体功能区规划》和《安徽省生态功能区划》，按照其主导的生态功能将生态空间划分为水源涵养、水土保持、生物多样性维护和洪水调蓄等 4 个类型 16 个区块（安徽省生态空间功能区块分布见附图 9）。安徽省各生态功能区块内生态空间和生态保护红线面积及占比见表 3-8。整体水源涵养类功能区块生态空间面积占比最高，平均达到72.16%，其次是生物多样性维护功能区块，生态空间面积占比平均达到 47.04%。新安江上游水源涵养及水土保持功能区、大别山南麓中低山水源涵养及水土保持功能区、黄山-天目山生物多样性维护及水源涵养功能区整体生态空间面积比例都在 70%以上，这些区域生态保护红线面积也较为集中。

表 3-8　安徽省各生态功能区块内生态空间和生态保护红线面积及占比汇总

序号	功能区块类型	功能区块名称	功能区块面积/km²	功能区块面积全省占比/%	生态保护红线面积/km²	生态保护红线面积占比/%	生态空间面积/km²	生态空间面积占比/%
1	水源涵养	大别山北麓中低山水源涵养及生物多样性维护功能区	9 137.02	6.52	3 942.30	43.15	6 355.03	69.55
2		大别山南麓中低山水源涵养及水土保持功能区	4 790.01	3.42	1 355.74	28.30	3 511.87	73.32
3		新安江上游水源涵养及水土保持功能区	4 472.14	3.19	1 345.52	30.09	3 409.27	76.23
4	水土保持	淮北河间平原农产品提供及水土保持功能区	29 779.68	21.25	283.88	0.95	1 049.00	3.52
5		滁河流域丘陵平原水土保持功能区	6 978.06	4.98	182.12	2.61	895.73	12.84
6		江淮分水岭丘岗水土保持功能区	8 025.67	5.73	176.14	2.19	603.72	7.52
7		大别山北麓山前丘陵岗地水土保持功能区	5 343.40	3.81	92.66	1.73	266.23	4.98
8		大别山南麓山前丘陵平原水土保持功能区	6 628.22	4.73	413.54	6.24	1 150.65	17.36
9		皖江东部水土保持功能区	9 582.15	6.84	676.04	7.06	1 503.63	15.69
10		东贵青低山丘陵水土保持功能区	7 709.90	5.50	1 204.59	15.62	3 784.79	49.09
11	生物多样性维护	淮北平原北部生物多样性维护及水土保持功能区	4 632.93	3.31	337.94	7.29	927.33	20.02
12		皖东丘陵与平原生物多样性维护功能区	5 187.02	3.70	600.32	11.57	1 664.07	32.08
13		巢湖盆地生物多样性维护功能区	6 194.28	4.42	963.95	15.56	1 682.59	27.16
14		黄山-天目山生物多样性维护及水源涵养功能区	15 426.13	11.01	5 025.99	32.58	10 799.29	70.01

序号	功能区块类型	功能区块名称	功能区块面积/km²	功能区块面积全省占比/%	生态保护红线面积/km²	生态保护红线面积占比/%	生态空间面积/km²	生态空间面积占比/%
15	洪水调蓄	淮河中下游湖泊洼地洪水调蓄及生物多样性维护功能区	9 295.87	6.63	1 122.26	12.07	1 707.99	18.37
16		皖江沿岸湿地洪水调蓄及生物多样性维护功能区	6 989.82	4.99	1 902.06	27.21	2 592.10	37.08

3.3　生态空间保护现状

3.3.1　安徽省严守生态保护红线的主要做法

安徽省结合市、县国土空间总体规划，将生态保护红线划定成果逐级下达，作为规划的空间底线。在生态保护红线保护中，安徽省强化重点区域空间管控，严格长江流域生态保护红线、自然保护地、水生生物重要栖息地监督管理，加强淮河水污染治理，严格保护新安江及两岸区域内的自然资源、人文资源和生态环境，对巢湖流域水环境实行三级保护，加强巢湖流域水污染防治；加快推进黄山（牯牛降）国家公园建设，对国家公园及周边生态保护红线等重要空间进行整体保护。此外，安徽省依据国土空间总体规划，编制实施安徽省国土空间生态修复规划，坚持保护优先、自然恢复为主的方针，从生态系统整体性出发，综合考虑自然生态各要素，实施一体化保护和修复。

为了细化生态保护红线管理，安徽省从用地预审、用地审批、设施农业建设用地管理等方面，加强对生态保护红线管控范围内允许的有限人为活动类型的管理；将生态保护红线划定成果纳入国土空间规划"一张图"，作为用地用矿的审查依据，对禁止在生态保护红线内开展的项目，不予批准用地，不予办理矿业权手续。安徽省自然资源主管部门牵头成立工作组，对国家重大项目、有限人为活动进行严格论证把关；将生态保护红线等划定成果与各市人民政府及省直相关部门共享，提供分析比对功能，为项目前期选址、环境影响评价等工作提供依据，推动各部门共筑共守生态空间底线。

在区域协同方面，安徽省与浙江、江苏等相邻省份共同守护长三角区域生态安全格局，共同划定区域生态保护红线，加强新安江—千岛湖、洪泽湖等跨界水体协同治理，划定统一的水体保护范围，持续推进新安江流域生态补偿试点工作，开展滁河流域、沱河流域上下游横向生态补偿，助力长三角绿色发展，打造美丽中国建设先行示范区。

3.3.2　安徽省生态保护地保护成效

生态保护地是指通过立法和其他有效途径得到管理的陆地和（或）海洋地域，特别致力于保护和维护生物多样性、自然资源以及相关联的文化资源。生态保护地保护成效评估是围绕管理产出及效果的要素层面，重点评估生态保护地在维持生物多样性和保障生态系统服务功能等方面的综合成效。土地利用/覆被变化（简称 LUCC）通过改变区域生态系统结构，进而对其过程、功能和服务产生连锁影响。生态保护地（区）作为最重要的生态安全防线，资源丰富、环境优美，是生态系统服务最集中的产区。

在历经了多年的实践和发展后，按照分区分类的管控政策，安徽全省已经形成了以自然保护区为核心，以风景名胜区、森林公园、湿地公园、地质公园为主要组成，重点（重要）生态功能区、生物多样性保护优先区为重要补充的自然生态保护地体系，保育和发挥了极其丰富且重要的生态系统服务，成为区域生态安全基本骨架和重要节点。但也同样面临着保护地（区）及周边的开发建设活动与生态用地保护的矛盾日益突出；各类已建保护地（区）空间上交叉重叠又或零散分布，缺乏系统性和整体性，保护效率不高；国家划定的重点生态功能区、生物多样性保护优先区范围太大，关键核心的生态区域未能得到有效保护等问题。本书以生态系统结构及其服务价值变化为准绳，对安徽省生态保护地（区）体系整体保护成效进行定量判断。

安徽省各类生态保护地（区）仅涉及省级（含）以上级别。保护地（区）各功能分区边界的矢量数据来源于各自归口管理的省直部门。饮用水水源保护区边界矢量数据来源于生态环境部门，蓄滞（行）洪区和清水通道维护区来源于水利部门，水产种质资源保护区来源于农业部门，重要湿地、湿地公园、森林公园、地质公园、自然遗产地、风景名胜区和公益林地均来源于林业部门。对于部分未能提供矢量边界的保护地，采用扫描经批复后的相关规划图件，在地理信息系统（GIS）软件中配准、矢量化的方法得到。

按照有关法律法规和实际保护要求，将生态保护地（区）划分为一级管控区和二级管控区。一级管控区主要包含以下区域：省级（含）以上自然保护区的核心区和缓冲、省级（含）以上风景名胜区的核心景区（或一级保护区）、国家湿地公园的湿地保育区和恢复重建区、省级（含）以上森林公园的生态保育区和核心景观区、省级（含）以上地质公园的地质遗迹保护区、国家级水产种质资源保护区的核心区、县级（含）以上饮用水水源保护区的一级保护区等。未纳入一级管控区的生态保护地（区）为二级管控区。经计算，全省一、二级管控区叠加后去除重叠面积为 3.08 万 km²，其中一级管控区 2 147.1 km²，占一、二级管控区总面积的 6.97%。

3.3.2.1　生态保护地土地覆被变化

（1）面积变化

安徽省生态保护地（区）土地覆被类型以森林为主，其次为农田和湿地，三者面积之和占保护地（区）总面积的 83.9%（2020 年），未利用地和建设用地占比很小，合计仅占 3.0%左右（2020 年）。从保护比例来看，保护地（区）内保护了全省 58.8%的湿地、51.1%的草地以及 42.6%的森林（2020 年），纳入保护地（区）的农田和建设用地占比相对较小，分别仅为 9.5% 和 7.0%（2020 年）。

2000—2020 年，安徽省生态保护地（区）土地覆被面积变化最为明显的趋势是农业用地面积的缩减和城镇用地的增加；湿地面积有所增加的同时，林地和草地面积减少，这与全省土地覆被面积变化的趋势完全一致。从面积变化率上看，保护地（区）内森林、草地和湿地等自然生态系统变化率均较小，分别仅为 −0.05%、−0.23% 和 1.22%，且小于全省的平均变化率（−0.25%、−0.49% 和 2.10%），这说明 20 年间保护地（区）内自然生态系统整体保护良好，面积保持相对稳定。保护地（区）一级管控区内森林、草地和湿地的面积变化率分别为 0.33%、−0.73% 和 3.48%。除草地外，森林和湿地面积均出现增加，且大于保护地（区）整体的平均变化率，说明一级管控区内部的生态保护和修复活动收到了相对更好的效果。农田和建设用地的面积变化率在保护地（区）内外相差不大，仅在一级管控区内，农田面积减少的趋势更加明显而建设用地面积增加的幅度更小。

（2）土地覆被之间的相互转化

通过构建 2000—2020 年安徽省生态保护地（区）土地覆被类型的转移概率矩阵，森林、草地和湿地均有 99% 以上的面积被保留，相对稳定；农田和建设用地分别有 97.22% 和 98.63% 的面积被保留。2000—2020 年的变化趋势如下：①农田与湿地的相互转化，多发生在湿地型保护地（区）内及周边，这是退田还湖和围湖造田相互博弈的结果。②保护地（区）内有 147.98 km² 的农田、14.89 km² 的森林、10.33 km² 的草地、4.45 km² 的湿地转变成建设用地，这种转变也反映了即使在保护地（区）内，人类的开发建设强度仍然较大，更为明显的城镇化过程则多发生在较大城市的周边。③农田向森林和草地的转化，以及草地转为森林的面积也较大，这是保护地（区）内集约规划使用农用地、修复增长森林面积的结果（图 3-8）。

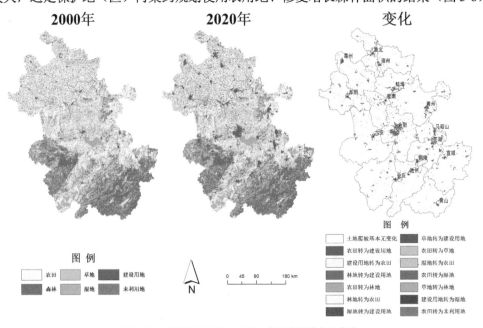

图 3-8　安徽省 2000—2020 年土地覆被及变化

3.3.2.2　生态系统服务价值变化

（1）各生态系统类型的服务价值变化

2000 年和 2020 年，安徽省生态保护地（区）内生态系统服务总价值分别达到 521.0 亿元和 586.8 亿元，整体呈增加趋势，价值增加率为 12.6%（表 3-9）。生态系统服务价值构成中，保护地（区）内森林和湿地生态系统服务价值分别占总价值的 52.64% 和 31.65%（2020 年）。这主要是因为保护地（区）内的森林生态系统面积占据绝对优势，同时其综合生态服务价值系数相对较高；湿地面积虽位列第 3，但其生态服务价值系数最高，使其服务总价值仅次于森林。因为荒漠（未利用地）的面积和价值系数都最低，其价值量在整个保护地（区）生态服务价值总量中所占比例最小，基本为 0。2000—2020 年，生态保护地（区）外较显著的土地覆被变化趋势是"农田减少，湿地增加"，其他土地覆被类型的面积变化不大。由于湿地生态服务价值系数远高于农田，同时保护地（区）外的植被净初级生产力（NPP）差异不大，保护地（区）外服务价值总量在 20 年间显著增加，价值增加率达到 16.5%。从生态保护地（区）内服务价值占全省的比例来看，面积仅占全省土地面积 21.9% 的保护地（区），其服务价值的占比在 2000 年和 2020 年分别达到了 40.21% 和 39.40%，但占比整体呈下降趋势。

2000—2020 年，湿地分布面积增加显著，因此服务价值增加的幅度最大，增长率达到 21.6%。保护地（区）内农田面积减少的绝对量和相对量均较大，且生态服务价值系数较低，因此服务价值增幅最小，为 11.5%。

表 3-9　生态保护地（区）内外各类生态系统生态服务价值

生态系统类型	2000 年					2020 年				
	保护地（区）内价值/亿元	占比/%	占全省比例/%	保护地（区）外价值/亿元	占比/%	保护地（区）内价值/亿元	占比/%	占全省比例/%	保护地（区）外价值/亿元	占比/%
森林	285.4	54.78	48.51	302.9	39.09	308.9	52.64	45.98	362.9	40.20
草地	36.6	7.02	54.63	30.4	3.92	43.1	7.34	54.56	35.9	3.98
湿地	153.2	29.40	63.23	89.1	11.50	185.7	31.65	63.03	108.9	12.06
农田	45.8	8.79	11.50	352.4	45.48	49.1	8.37	11.06	395.0	43.76
荒漠	0.0	0.00	0.00	0.0	0.00	0.0	0.00	0.00	0.0	0.00
合计	521.0	100.00	40.21	774.8	100.00	586.8	100.00	39.40	902.7	100.00

（2）各生态系统服务类型的价值变化

安徽省生态保护地（区）水文调节服务价值突出，占总价值量的 19.58%（2020 年），因为区内为众多河流的发源地和水源补给区，同时包括沿江、沿淮的大片重要湿地，对整个区域的水文调节具有十分重要的作用。另外，调节服务中的气候调节和废物处理占比也相对较高。支持服务中，维持生物多样性价值较高，约占总价值量的 13.33%（2020 年），这体现了自然保护区和水产种质资源保护区物种保护的功能。提供价值量最少的为供给服务中的食物生产价值和原材料生产价值，分别占总价值量的 2.15%和 6.78%（2020 年），这是由保护地（区）非生产性为主的经营方式所决定的。2000—2020 年，由于单个生态服务价值当量因子的经济价值量差异较大，各项生态系统服务价值均有所增加，变化最显著的水文调节和废物处理价值，增长率分别为 10.93%和 10.85%。

3.3.2.3　结论

根据上述保护成效评估，可得出以下结论。

1）安徽省生态保护地（区）在相关法律法规和管理措施的约束之下，整体收到了一定的保护成效，2000—2020 年土地覆被变化的强度较全省平均水平更弱，且区内湿地自然生态系统面积增加显著，一级管控区生态修复效果显著。

2）农田和建设用地面积整体变化率在保护地（区）内外相差不大。即使在保护地（区）内，局部地区也有较为明显的围湖造田、农田被建设用地挤占等人类活动的影响过程。

3）安徽省生态保护地（区）在有限的面积约束下，保护了较多的生态系统服务价值。但 2000—2020 年，保护地（区）服务价值在全省的占比呈下降趋势，其土地覆被的转变整体趋向不利状态。

4）保护地（区）调节服务价值突出，支持服务、文化服务和供给服务价值占比较低。2000—2020 年，由于单个生态服务价值当量因子的经济价值量增加较多，保护地（区）生态服务总价值量，各类生态系统的服务价值量，以及各种生态服务类型的价值量均有不同程度的增加。

3.3.3　生态空间管控要求

3.3.3.1　生态保护红线管控要求

根据自然资源部、生态环境部、国家林业和草原局《关于加强生态保护红线管理的通知（试行）》（自然资发〔2022〕142 号），生态保护红线内人为活动管控要求如下：

（1）规范管控对生态功能不造成破坏的有限人为活动

生态保护红线是国土空间规划中的重要管控边界，生态保护红线内自然保护地核心保护区外，禁止开发性、生产性建设活动，在符合法律法规的前提下，仅允许以下对生态功能不造成破坏的有限人为活动。生态保护红线内自然保护区、风景名胜区、饮用水水源保护区等区域，依照法律法规执行。

1）管护巡护、保护执法、科学研究、调查监测、测绘导航、防灾减灾救灾、军事国防、疫情防控等活动及相关的必要设施修筑。

2）原住居民和其他合法权益主体，允许在不扩大现有建设用地、用海用岛、耕地、水产养殖规模和放牧强度（符合草畜平衡管理规定）的前提下，开展种植、放牧、捕捞、养殖（不包括投礁型海洋牧场、围海养殖）等活动，修筑生产生活设施。

3）经依法批准的考古调查发掘、古生物化石调查发掘、标本采集和文物保护活动。

4）按规定对人工商品林进行抚育采伐，或以提升森林质量、优化栖息地、建设生物防火隔离带等为目的的树种更新，依法开展的竹林采伐经营。

5）不破坏生态功能的适度参观旅游、科普宣教及符合相关规划的配套性服务设施和相关的必要公共设施建设及维护。

6）必须且无法避让、符合县级以上国土空间规划的线性基础设施、通讯和防洪、供水设施建设和船舶航行、航道疏浚清淤等活动；已有的合法水利、交通运输等设施运行维护改造。

7）地质调查与矿产资源勘查开采。包括：基础地质调查和战略性矿产资源远景调查等公益性工作；铀矿勘查开采活动，可办理矿业权登记；已依法设立的油气探矿权继续勘查活动，可办理探矿权延续、变更（不含扩大勘查区块范围）、保留、注销，当发现可供开采油气资源并探明储量时，可将开采拟占用的地表或海域范围依照国家相关规定调出生态保护红线；已依法设立的油气采矿权不扩大用地用海范围，继续开采，可办理采矿权延续、变更（不含扩大矿区范围）、注销；已依法设立的矿泉水和地热采矿权，在不超出已经核定的生产规模、不新增生产设施的前提下继续开采，可办理采矿权延续、变更（不含扩大矿区范围）、注销；已依法设立和新立铬、铜、镍、锂、钴、锆、钾盐、（中）重稀土矿等战略性矿产探矿权开展勘查活动，可办理探矿权登记，因国家战略需要开展开采活动的，可办理采矿权登记。上述勘查开采活动，应落实减缓生态环境影响措施，严格执行绿色勘查、开采及矿山环境生态修复相关要求。

8）依据县级以上国土空间规划和生态保护修复专项规划开展的生态修复。

9）根据我国相关法律法规和与邻国签署的国界管理制度协定（条约）开展的边界边境通视道清理以及界务工程的修建、维护和拆除工作。

10）法律法规规定允许的其他人为活动。

开展上述活动时禁止新增填海造地和新增围海。上述活动涉及利用无居民海岛的，原则上仅允许按照相关规定对海岛自然岸线、表面积、岛体、植被改变轻微的低影响利用方式。

（2）加强有限人为活动管理

上述生态保护红线管控范围内有限人为活动，涉及新增建设用地、用海用岛审批的，在报批农用地转用、土地征收、海域使用权、无居民海岛开发利用时，附省级人民政府出具符合生态保护红线内允许有限人为活动的认定意见；不涉及新增建设用地、用海用岛审批的，按有关规定进行管理，无明确规定的由省级人民政府制定具体监管办法。上述活动涉及自然保护地的，应征求林业和草原主管部门或自然保护地管理机构意见。

（3）有序处理历史遗留问题

生态保护红线经国务院批准后，对需逐步有序退出的矿业权等，由省级人民政府按照尊重历史、实事求是的原则，结合实际制定退出计划，明确时序安排、补偿安置、生态修复等要求，确保生态安全和社会稳定。鼓励有条件的地方通过租赁、置换、赎买等方式，对人工商品林实行统一管护，并将重要生态区位的人工商品林按规定逐步转为公益林。零星分布的已有水电、风电、光伏、海洋能设施，按照相关法律法规规定进行管理，严禁扩大现有规模与范围，项目到期后由建设单位负责做好生态修复。

3.3.3.2　生态空间（非红线）管控要求

对生态空间（非红线）内的国家公园、自然保护区、风景名胜区、森林公园、地质公园、世界自然遗产、湿地公园、饮用水水源保护区、天然林、生态公益林等各类保护地的管理，按照法律、法规和规章等要求执行。

生态空间（非红线）内严禁损害主导生态系统服务功能的开发建设活动，制定并实施建设项目环境准入负面清单。负面清单依据法律、行政法规、国务院决定，以及部门规章、规范性文件，充分考虑生态空间主导生态功能的保护要求和各类开发建设活动的生态影响因素，并结合各地区产业发展定位、社会经济发展实际制定。负面清单按照《国民经济行业分类》和《建设项目环境影响评价分类管理名录》的行业分类制定；明确提出对生态空间主导生态功能等可能产生损害的、禁止准入的行业或建设项目目录。

生态空间内各类经济活动，严格执行环境准入管理。拟投资建设或经营的主体应先行对照负面清单进行自查；各级人民政府在项目审批时，应按照负面清单予以严格审查后执行审批程序。

3.4　区域生态安全格局构建

3.4.1　构建目标

安徽省长江经济带以皖江城市带承接产业转移示范区范围为界，其生态安全格局构建必须充分发挥人类的主动作用，促进生态系统与社会经济发展相协调，其生态安全格局的构建具有双重目标：

1）最大限度减缓开发对自然的压力，对重要生态功能区实施优先保护，以大型的自然植被斑块、水面和水源涵养区等重要生态功能区为主体，维护生态系统的稳定性。

2）为经济的快速增长提供生态保障与环境支撑。通过对生态空间和经济优先发展空间的识别，以及生态廊道的建设，强化城镇发展空间与生态源区水平方向的链接，拓展生态源区的范围，缓解经济开发对自然生态系统的压力，增加城镇发展空间内部的景观异质性，形成稳定的镶嵌组合关系。

3.4.2　安徽省长江经济带生态安全格局构建

安徽省长江经济带生态安全格局具体构建内容为：一是对重要生态功能区的保护，将大型的自然植被斑块、水面作为物种生存和水源涵养区进行保护，保护生态系统的稳定性；二是通过建设生态楔和生态廊道，以水平方向的链接，强化城镇发展空间与生态源区的有机联系，拓展生态源区的服务功能，缓解经济开发对自然生态系统的压力，增加城镇发展空间内部的景观异质性。

基于安徽省长江经济带的自然基础条件，构建由三个生态源区、七个生态廊道和众多的生态斑块组成的"三源七廊"生态安全空间格局。整个三源、七廊和生态斑块组成的安徽省长江经济带生态安全格局中，涉及国家级和省级自然保护区共 18 个，分别为鹞落坪保护区、扬子鳄保护区、升金湖保护区、淡水豚类保护区和牯牛降保护区等；涉及安徽省水质良好湖泊共 5 个，分别为黄大湖、泊湖、升金湖、菜子湖和女山湖。

3.4.2.1　生态源区

生态源区由生态服务功能重要、生态敏感性较高，并且连续分布的较大的自然生态斑块（大面积的森林覆盖区和水面等）组成，是现存或潜在的乡土物种分布地，具有生态服务功能集聚、调控效益高的特点，对区域生态系统的稳定性起决定作用。根据安徽省长江经济带景观的异质性、保护功能的多样性和服务对象的空间差异性，在区内可划出三大生态源区，总面积 22 000 km²，约占安徽省长江经济带面积的 29%。

皖南山地丘陵生态源区约 13 475 km²，是沿江地区最大的生态源区，秋浦河、青弋江、水阳江、漳河等沿江河流的发源地，也是土壤侵蚀、地质灾害防护、酸雨高度敏感和生物多样性保护的重点保护地区，区内有牯牛降、清凉峰、板桥等国家级或省级自然保护区和九华山国家级风景名胜区。通过青弋江-漳河水生态廊道、长江-裕溪河水生态廊道、合铜黄高速公路绿色廊道与皖中湖泊丘陵生态源区相连。通过秋浦河、皖江水生态廊道与皖西山地丘陵生态源区相连。该生态源区服务皖江南岸的芜马铜池等城市及其腹地，向南与黄山主脉和浙西的天目山、莫干山相接，是华东地区最大的生态源区。

皖西山地丘陵生态源区总面积约 5 705 km²，是皖西六大水库的汇水区和皖河的发源地，区内有鹞落坪、古井园和天柱山国家级自然保护区、风景名胜区。该生态源区通过皖河、长江和秋浦河水生态廊道与皖南山地丘陵生态源区联系，南与长江、东与巢湖和江淮丘陵、西与鄂东丘陵、北与淮河平原相互联系。其重点为沿江西部地区，特别是为安庆市提供生态服务。

皖中湖泊丘陵生态源区面积约 3 542 km²，是以巢湖为主体的水生态源区，通过长江、裕溪河水生态廊道、合铜黄高速公路绿色廊道与皖南山地丘陵生态源区相连，并向北、南、东南三个方向辐射，这对皖江北岸及其腹地的开发，发挥着重要的生态保障作用。

3.4.2.2　生态廊道

生态廊道主要由连通性好的植被、水体等要素构成，自身具有生物多样性保护、过滤并降解污染物、防止水土流失、涵养水源和调控洪水等生态服务功能，同时是生态源区间的联系通道与生态源区和重点开发区域间的联系纽带。为保证生态廊道作用的发挥，宽度应保持在 80～100 m 以上，在生态敏感区或重要生态功能区，应该更宽一些，并结合生态楔建设，以一定的间隔安排节点性的生境斑块。以主要河流及其两侧的林带为核心建设七条绿廊，把主要生态源区、重要生态斑块与沿江产业带有机联系起来。

（1）长江廊道

长江廊道是沿江地区最主要的生态廊道，连接着三大生态源区以及其他六条生态廊道，具有极其重要的水源安全、生物多样性保育等生态服务功能。

（2）水阳江廊道

水阳江廊道连接皖南山地生态源与马鞍山地区。

（3）青弋江廊道

青弋江廊道是青弋江和漳河组成的廊道，连接皖南山地生态源与芜湖沿江地区。

（4）秋浦河廊道

秋浦河廊道连接皖南山地生态源与池州地区。

（5）皖河廊道

皖河廊道连接皖西山地生态源与安庆地区。

（6）裕溪河廊道

裕溪河廊道连接皖中湖泊生态源与芜湖沿江地区。

（7）青通河廊道

青通河廊道连接皖南山地生态源与铜陵沿江地区。

3.4.2.3　生态斑块与生态楔

生态斑块是指除生态源区和生态廊道外，具有重要生态服务功能或高生态敏感性的较大自然实体，由平原区的孤立山体、重要湖泊湿地等组成。

生态楔是分布在重要开发区域、城镇发展区之间或其外围，链接生态源区、生态廊道并能将其服务功能有效导入城镇产业发展区的自然实体。其由零星分布的较小山丘林地、河湖湿地、部分农田或果园等组成，是约束城镇无序蔓延的控制带，宽度一般在 50～100 m。

3.5　生态空间保护和建设内容

3.5.1　长三角一体化背景下生态保护红线管理建议

3.5.1.1　强化区域"生态命运共同体"意识

长三角区域的生态保护红线一体化的监管模式必须首先诉诸意识层面的改变，即理念先行，真正扭转过去有所偏重的发展观，树立起生态文明理念。可充分借鉴"人类命运共同体"理念，在生态保护红线一体化管理进程中强化"生态命运共同体"的意识教育，加快建立环境教育体系，以此来拓展与提升大众的环保知识、环保伦理与社会责任。

3.5.1.2　加快生态保护红线制度法治化进程

第一，加快推进区域性环保立法的进度，将保护与管理生态保护红线的实践经验提炼、上升为地方立法，切实推进生态保护红线保护与管理工作的法治化与规范化，实现"三省一市"现有法规政策的整体衔接。充分整合现有地方环境法制体系，持续完善与生态保护红线相关的法律条文，使其与生态保护红线制度相协调，确保地方法制服从区域法制。第二，积极探索建立区域性的立法协调机制，明晰各地区在生态保护红线联防联控联治中的职责范围，以此来解决过去各地区在承担治理环境污染责任时相互推诿且缺乏有效处理措施的问题。

3.5.1.3　建立统一协调的区域生态保护红线监管机制

在不改变行政区划界线的前提下，建立长三角区域生态保护红线一体化管理委员会，明确权利和义务，并在相应的规章文件中予以地位保障，尽量通过生态保护红线一体化管理联席会议制度来共同处理地区间争议。长三角"三省一市"在此基础上达成原则性共识，加强合作，形成专业化的分工格局，建立起长期的磋商谈判机制，进而对生态保护红线管理涉及的实际问题进行协调。组建长三角区域生态保护红线专家委员会，负责长三角区域生态保护红线的方案调整、功能评估论证审核，以及实施生态保护修复等研究工作。建立长三角区域生态保护红线大数据平台，推动各部门建立数据共享机制，逐步实现生态保护红线实时、全面监测，定期发布长三角区域生态保护红线监管情况。

3.5.1.4　建立严格统一的区域管控制度和配套措施

将生态保护红线作为编制各类规划的基础和前提，落实生态保护红线的优先地位，强化生态保护红线刚性约束，对不符合管控要求的各类规划和政策措施要及时作出调整。确定长三角区域生态保护红线内生态资源用途、用量、用地管控等方面的具体措施，制定产业准入清单。建立长三角区域生态保护红线常态化巡查、详查和核查制度，出台长三角区域生态保护红线绩效考核办法并纳入政府绩效考核体系，将评价结果作为各级党政领导班子和领导干部综合评价及责任追究、离任审计的重要依据。建立以流域横向补偿为主、行政层级纵向补偿为辅的长三角区域生态保护红线生态补偿机制，将生态保护红线作为实施财政转移支付的优先区域，建立生态保护红线生态补偿与财政转移支付制度。

3.5.1.5 探索联防联控联治的生态保护红线生态修复和治理模式

在探索长三角区域生态保护红线联防联控联治的过程中，要充分考虑到区域内各主体的正当利益诉求，统筹好长三角区域整体的生态环境质量管理目标，打破现有的行政壁垒与制度障碍，建立区域生态一体化联防联控联治联席会议制度，明确各地方政府在联防联控联治中的责任，强化区域环境监测协作机制，实现区域内水环境与大气环境的实时预警联动，探索并建立跨区域的环境联合监察、执法与评价制度，调动所在地区生态环境治理的积极性和主动性。

针对长三角区域生态保护红线内存在的生态系统服务功能退化和生态空间受损等问题，开展山水林田湖草沙一体化生态保护和修复工程。识别"生命共同体"生态保护修复的重点区域空间分布和主要结构特征，对山水林田湖草沙一体化生态保护和修复工程实施范围进行不同单元的区域划分，科学确定保护修复的布局、任务与时序。

3.5.1.6 加大生态保护红线宣传和教育

加强生态保护红线的宣传和普及，提升公众和领导干部的红线意识，营造自觉维护生态保护红线的良好风气。充分发挥舆论监督作用，及时报道和表彰红线保护与监管的先进事例，公开揭露和批判污染环境、破坏生态的违法行为。及时向社会公开生态保护红线范围、边界、保护管控要求、评估考核规定及定期调整等信息，切实保障公众的知情权。健全公众参与机制，认真听取社会各界的意见，鼓励公众积极参与和监督生态保护红线管理。深化信访部门管理工作，疏通投诉渠道，建立有偿举报制度，鼓励广大群众参与监督。在生态保护红线区域设置生态环境公益性岗位，提高当地居民参与生态环境保护的积极性。

3.5.2 推进安徽省生态保护红线监管

构建政府负责、各部门互相配合的监管体系。安徽各级政府在制定各类规划和政策措施时，将生态保护红线作为重要依据和前提条件，对不符合管控要求的及时作出调整；建立以政府为主导，相关部门共同参与的监督管理协调机制，指导做好生态保护红线管控范围内允许的有限人为活动监督管理，做好日常巡护和执法监督，利用信息化手段强化动态监测，强化部门间信息共享，共守生态保护红线；将生态保护红线保护和管理纳入生态文明建设考核目标体系，作为政府考核的重要内容。

完善生态保护红线内分区分类准入的管控举措。安徽将在生态保护红线内进行分区管控，自然保护地核心保护区原则上禁止人为活动，其他区域严格禁止开发性、生产性建设活动；在符合现行法律法规前提下，除国家重大战略项目外，进一步细化允许的有限人为活动范围，实行正面清单管控。对于已存在不允许开展的人为活动，健全退出机制，引导逐步退出。

实施差异化的生态修复政策。核心保护区内的生态修复，将坚持以自然恢复为主，辅以必要的人工措施，建设生态廊道、开展重要栖息地恢复和废弃地修复。对矿山开采和外来物种入侵导致的生态环境破坏，强化人工干预，其余采取以封禁为主的自然恢复措施。其他区域可结合生态功能提升和人为活动有序退出，安排必要的生态修复工程。

建立基于监测的定期评估调整机制。结合国土空间规划实施监测评估，安徽将定期对生态保护红线监管情况进行评估，对于因重大战略调整、重大项目实施、重大生态变化导致生态系统本底发生较大变化，确需调整生态保护红线的，制定调整方案，按程序报国务院批准后实施。为保证生态保护红线管控的严肃性，禁止通过擅自修改市、县、乡级规划进而调整生态保护红线。对于符合条件的省会城市或国务院指定的市，生态保护红线调整可与规划修改一道报请国务院批准后实施。

3.5.3　重要生态功能区保护与建设

根据重要生态功能区的主导生态功能，结合功能区内的经济社会发展方向，提出重要生态功能区批准、建设与保护措施。各级、各类生态功能保护区应由同级政府批准，对已批准的生态功能保护区必须采取相应的保护与管理措施。生态功能区管理应以地方政府为主，国家级生态功能保护区可由省政府委托的机构管理。各级政府应对生态功能保护区的保护与建设给予积极支持，农业农村、林业、水利、生态环境和自然资源等相关部门应加强对生态功能保护区管理、保护与建设的监督。

生态功能保护区的保护措施主要包括：禁止可能导致生态功能继续退化的生产开发及其他人为破坏活动；禁止可能产生严重环境污染的工程建设活动；严格控制人口增长，区内已超出承载能力的应采取必要的措施，如生态移民等；与美丽安徽建设规划纲要及各市（县、区）生态文明建设示范市规划相结合，彻底改变粗放的生产经营方式，走循环经济发展模式，努力发展生态型产业；对已经破坏的重要生态系统，要结合生态环境建设项目的实施，认真组织重建与恢复，尽快遏制生态环境恶化的趋势。

生态功能保护区内建设项目须严格审批管理，禁止一切产生严重环境污染的工程项目建设，禁止一切导致生态功能退化的开发活动和其他人为破坏活动，对已经破坏的重要生态系统，当地政府要结合生态环境建设措施，认真组织重建与恢复。加强生态用地保护，冻结征用具有重要生态功能的林地、湿地。建设项目确需占用生态用地的，应严格依法报批和补偿，并实行"占一补一"的制度，确保恢复面积不少于占用面积。同时加大污染防治和环境综合整治力度，加快污水处理设施和垃圾集中处理设施建设进度。合理控制天然湖泊、水库等湿地围网养殖规模，设立禁渔期、禁渔区。

3.5.3.1　江河源头区

长江和淮河支流上游、新安江上游地区及巢湖入湖河流上游是安徽省主要的江河源头区，其主导功能是保持和提高源头径流能力和水源涵养能力，辅助功能主要是保护生物多样性和保持水土。

该类生态功能区要严格保护森林植被、珍稀野生动植物栖息地与集中分布区，控制水土流失，有必要的应建立严格保护区域或自然保护区，设立禁采区、禁伐区、禁牧区、禁垦区；开展退耕还林还水，适当开展生态移民；开展生态产业示范，培育替代产业和新的经济增长点等。

3.5.3.2　江河洪水调蓄区

洪水调蓄区主要指淮河及长江沿岸的湖泊等湿地，其主导功能是保持和提高自然的削减洪峰和蓄纳洪水能力，辅助功能主要是保护生物多样性、保护重要渔业水域和维护水体自然净化能力。

该类生态功能区的主要任务是防止湖泊萎缩、湿地破坏，严格保护现有的湖滨带、河滩地，以及良好的湿地生态系统和珍稀野生动植物栖息地与集中分布区；保护湖泊通江通河口，维护良好的沟通水道；加强退田还湖还湿区域的保护和监管；减轻水污染负荷，改善水交换条件，恢复水生态系统的自然净化能力。

主要保护措施包括建立严格保护区域或自然保护地，形成完善的自然保护地网络；开展退田还湖还湿和适度生态移民，严格控制养殖规模，必要时采取禁渔措施；调整农林牧渔产业结构与生产布局，组织生态旅游、生态农业等生态产业示范和推广，发展绿色食品、有机食品等名优特产品；开展湿地生态系统修复工程、农业面源污染控制工程和城镇生活、工业污染治理工程。

3.5.3.3　重要水源涵养区

水源涵养区主要指大别山区、皖南山区的水源涵养服务功能重要分布区，主导功能是保持和提高水源涵养、径流补给和调节能力，辅助功能可根据生态功能保护区类型而定。对于天然水源涵养区，辅助功能主要是保护生物多样性；对于人工水源涵养区，辅助功能主要是保持水土，维护水体自然净化能力。

对于天然水源涵养区，其主要任务类似江河源头类生态功能保护区；对于人工水源涵养区，主要任务是严格保护现有的河湖滨岸带，维护良好的湿地生态系统；恢复库区草、灌、林植被或生态系统，治理水土流失；减轻水污染负荷，改善水交换条件，恢复水生态系统的自然净化能力。

对于人工水源涵养区，其主要措施是建立严格保护区域或自然保护地，设立禁挖区、禁采区、禁伐区、禁垦区；开展湿地生态系统修复工程、农业面源污染控制工程和城镇生活、工业污染治理工程；开展退耕还草还林、植被恢复和水土流失治理等人工生态建设工程，适当开展生态移民；调整农林牧渔产业结构与生产布局，组织生态产业示范和推广，发展绿色食品、有机食品等名优特产品。

3.5.3.4　防风固沙区

防风固沙区主要指黄河故道区，其主导功能是防风固沙，辅助功能是保护生物多样性和水果生产。该生态功能保护区的主要任务是保护现有的以果树为主体的植被；保护黄河故道的天然水体；保护种质资源；自然与人工相结合，治理沙化土地。其主要保护措施是鼓励开展优质水果生产基地建设，组织生态旅游、生态农业等生态产业示范和推广。

3.5.3.5　水土保持重点预防保护区和重点监督区

水土保持重点预防保护区和重点监督区主要指水土流失现状强度和潜在强度较大的地区，其主要生态功能是进行水土流失预防和重点监督。

主要任务和措施包括：①坡耕地治理。陡坡地退耕还林还草，整治排水系统，采用保水保土耕作法等。②荒坡治理。因坡度、土壤、土层厚度等因素不同采取修建水平带、水平沟水土保持坡面工程，并在此基础上发展经济林果或营造水土保持林。③疏林地治理。对水土流失程度较轻的疏林地，可采取封山育林，封育方式有全年封、半封和轮封。对水土流失程度比较严重的疏林地，要采取相应的水土保持生物措施和工程措施。④沟壑治理。采取沟头防护、谷坊、沟岸砌石修建护坡（岩）以及植物护岸等治理措施。对河湖岸坍塌严重的，采用工程护岸或植物护岸方法进行整治。⑤综合治理。在水土侵蚀严重地区，应当以天然沟壑及其两侧山坡地形成的小流域为单元，实行全面规划，综合治理，建立水土流失综合防治体系。

3.5.3.6　重要渔业水域

长江、淮河沿岸大部分湖泊都是重要的渔业水域，其主导功能是维护生物多样性，辅助功能是调蓄洪水和水质调节。

重要渔业水域保护的主要任务包括全面落实长江"十年禁渔"；保护鱼虾类产卵场、索饵场、越冬场、洄游通道和养殖场的生态环境，防治渔业水域污染；保护珍稀野生水生生物栖息地与集中分布区；维护渔业水域的生物多样性。主要保护措施有建立珍稀野生水生生物自然保护区，划定禁渔区；对鱼虾类的产卵场、索饵场、越冬场、洄游通道和鱼虾贝藻类的养殖场等重要渔业水域，划定禁渔区、设定禁渔期；控制捕捞量，避免渔业资源衰竭；推广轮休等生态渔业生产方式，科学确定养殖密度，防止养殖污染；防止外来物种入侵；防治污染物对渔业水域的污染；禁止炸鱼、毒鱼，不得使用禁用的渔具和捕捞方法进行捕捞；禁止捕捞有重要经济价值的水生动物苗种，确需捕捞的，应按有关规定，在指定的区域和时间内，限额捕捞；禁止围湖造田，重要的苗种基地和养殖场不得围垦。

3.5.4　生物多样性保护措施

一是健全生物多样性调查监测评估体系。系统推进调查监测、监测网络和信息化平台建设及评价评估工作。二是优化生物多样性保护空间格局。结合安徽省生物多样性空间分布、生态系统和物种类型特点等，突出地域特点和地方特色，如开展"四廊两屏"建设、强化矿山生态修复和采煤塌陷区综合整治、开展扬子鳄等珍稀物种人工繁育和野化放归、维护东方白鹳等国际候鸟迁徙通道,加强银缕梅等极小种群物种的保护和管理等。三是筑牢生物安全防线。持续提升对加拿大一枝黄花、美国白蛾、松材线虫等外来入侵物种防控管理水平,依法加强生物技术环境安全监测管理,守护生物遗传资源。四是推进生物多样性资源价值转化。加强生态种植和养殖等经营性生物多样性资源利用;促进公共性生物多样性资源价值实现,如生态补偿、环境权益交易、社会资本参与生态修复等。五是严肃查处危害生物多样性行为。加强多部门联动执法,依法加大对生态敏感区域生态破坏问题的监督和查处力度。六是推动形成生物多样性全民保护局面。将生物多样性保护纳入全省生态文明建设重大主题宣传,深化生物多样性保护法治和科普教育;完善社会参与机制。

3.5.5　长江岸线生态保护

3.5.5.1　长江岸线生态保护区的划分

依据国家、省及沿江地方法律法规及生态保护红线划定相关规定要求,对事关流域防洪安全、河势稳定、供水安全、生态环境保护等重要的岸段严格保护。岸线区段存在边滩较长且岸坡较缓、崩岸较严重地段、堤防外滩狭窄、岸坡淤积、汊道淤积衰退等特点的,暂不具备开发利用条件,或者处于国家级和省级自然保护区、风景名胜、水产种质资源保护区核心区,行蓄洪区、江心洲生态脆弱区的河段岸线、重要水源地河段岸线,应进行严格保护和限制开发利用。

3.5.5.2　长江岸线生态保护区规划

《安徽省长江岸线保护和开发利用规划》按照国家规划,结合安徽省长江岸线资源禀赋、保护及开发利用现状,在国家功能分区基础上,将安徽省岸线按使用功能进一步细分为岸线生态保护区、水工程区、农业生产区、旅游开发区、跨江设施区、城市建设区、工业布局区、港口设施区八类。通过岸线使用功能细分及规划主导用途导向,进一步强化安徽省长江岸线功能管理及用途管制。坚持保护优先的原则,切实保护水源保护区、行蓄洪区、江心洲生态脆弱区等岸线资源,有效控制入江河道污染。维系支流河道自然形态,保留原有水系、蓄水、泄洪等通道,保护沿江滩涂湿地,维持自然地貌的连续性,构建以沿江山地丘陵区为核心的生态网络体系,形成沿江生态屏障。到 2020 年,安徽省长江岸线共划分岸线生态保护区 87 个,长度为 506.67 km,占岸线总长度的 45.54%,生态环境安全格局基本形成。

按照市域划分,安庆市共划分岸线生态保护区 19 个,长度为 120.26 km,占岸线总长度的 50.44%;池州市 13 个,长度为 59.13 km,占岸线总长度的 31.29%;铜陵市 24 个,长度为 171.75 km,占岸线总长度的 63.7%;芜湖市 17 个,长度为 93.7 km,占岸线总长度的 35.11%;马鞍山市 14 个,长度为 61.83 km,占岸线总长度的 41.56%。

3.5.5.3　长江岸线生态保护区管理

根据保护目标有针对性地进行管理，并严格按照相关法律法规的规定，在规划期内禁止建设可能影响保护目标的建设项目。按照相关规划在岸线生态保护区内实施的防洪护岸、河道治理、供水、航道整治、国家重要基础设施等事关公共安全及公众利益的建设项目，须经充分论证并严格按照法律法规要求履行相关许可程序后进行建设。为保障防洪安全和河势稳定而划定的岸线生态保护区，禁止建设可能影响其防洪安全、河势稳定的建设项目。为保护生态环境划定的岸线生态保护区，自然保护区核心区内的岸线生态保护区不得建设任何生产设施；风景名胜区内的岸线生态保护区禁止建设与风景名胜资源保护无关的项目；水产种质资源保护区内的岸线生态保护区禁止围垦和建设排污口。

3.5.6　引江济淮工程的生态保护与建设

引江济淮工程兼具供水、航运、生态三大效益，是我国继南水北调工程后建设的又一标志性调水工程，也是我国继京杭大运河后打造的第二条南北水运大通道。该工程是安徽省重大基础设施一号工程，对缓解淮河流域干旱缺水问题、提升国家高等级内河航运格局、助推巢湖及淮河生态环境修复、构建江淮地区高质量发展走廊、推动长江经济带与淮河生态经济带协同发展等具有重大意义。

引江济淮二期工程是引江济淮工程的重要组成部分，已列入 2014 年水利部印发的《引江济淮工程规划报告》和国务院 2020—2022 年国家重大水利工程开工计划。在维持引江济淮工程供水范围、引江流量、线路布局等规划条件不变的情况下，结合已建、在建、拟建的工程设施，聚焦供水保障、粮食生产、航运发展、生态保护，将二期工程分为输水干线延伸、城乡集中供水、航运网络扩能、河渠水系连通、智慧调度系统等五大板块。

3.5.6.1　强化自然湿地修复和恢复

结合工程沿线航道建设，开展菜子湖、巢湖、瓦埠湖、白石天河、派河等输水干线的河道底泥环保疏浚，并有效处理与处置疏浚污泥，避免二次污染，保证输水安全。编制湿地保护工程规划，健全湿地用途管制制度，落实湿地保护修复制度。禁止侵占自然湿地等水源涵养空间，已侵占的要限期予以恢复。开展位于自然保护地、生态保护红线等生态敏感区内的工程项目建设时，应符合相关法律法规政策要求。强化水源涵养林建设与保护，开展湿地保护与修复，加大退耕还林还草还湿力度。加强河（湖）滨带生态建设，在河道两侧建设植被缓冲带和隔离带。加大水生野生动植物类自然保护区和水产种质资源保护区保护力度，开展珍稀濒危水生生物和重要水产种质资源的就地和迁地保护，提高水生生物多样性。

3.5.6.2　开展净化型人工湿地建设

合理进行种群设计，科学配置湿生植物、挺水植物、沉水植物和浮水植物，建立人工湿地植被群落；构建表面流、潜流、垂直流或其他复合型人工湿地，形成净化型人工湿地污水处理系统，集中处理地表径流等分散污水，或对污水处理厂尾水进行深度处理，通过沉淀、吸收、转化及去除污水中的泥沙和颗粒态的污染物，发挥湿地前置库的效用。

3.5.6.3　加强瓦埠湖、菜子湖生态建设和富营养化防控

严格保护湖泊水源涵养林，大力发展沿湖生态林带建设；开展入湖支流前置库和河口生态湿地建设，保护和恢复原有湿地系统，增强湖泊自净功能；加强湖滨带恢复和建设，充分利用和提高湖滨植被带的净化能力；科学实施退田还湖，扩大湖泊湿地空间，恢复湿地功能；加快水土流失治理，减少湖泊淤积；密切关注瓦埠湖、菜子湖富营养化状态，维持湖泊生物多样性和生态系统的稳定。

3.5.6.4　积极推进生态补偿机制建设

对区域内生态补偿工作开展统一而有差异化的管理模式。对淮河流域污染事故易发的涡河、颍河等跨界河流，参照新安江流域的做法，开展跨省、市断面水质目标考核及补偿试点工作；对菜子湖、瓦埠湖等具有重要水源保护、调蓄功能的湖泊，建立水环境生态补偿机制。

3.5.7　重要人文与自然景观的生态保护

安徽是中国旅游资源最丰富的省份之一，境内遍布名山胜水，自然景观与人文景观交相辉映。据不完全统计，目前全省有各种风景名胜区近 300 处，包括黄山、九华山、天柱山、琅琊山、齐云山、采石、巢湖、花山谜窟-渐江、太极洞和齐山-平天湖等 10 个国家级风景名胜区及数十个省级风景名胜区。安徽的历史古迹、佛教建筑、古民居、园林花卉、民俗风情也各具特色，拥有亳州、寿县、歙县三座国家级历史文化名城，以及凤阳中都城和明皇陵遗址、"和县猿人"遗址、歙县许国石坊、亳州花戏楼等 9 处国家重点文物保护单位。重要人文与自然景观的旅游业快速发展不仅成为安徽省国民经济新的增长点，在许多地方更已成为发展经济的支柱产业。安徽省在发展旅游业的同时，要做好各旅游地生态环境和旅游资源的保护工作，发展生态旅游，做到旅游资源的开发利用与保护相结合，二者相互促进。

1）按照可持续发展战略要求，继续完善和实施全省旅游发展总体规划，并在此基础上，各地方政府及景区编制景区开发和保护规划。要合理持续地利用旅游资源，推动全省旅游产业的发展，必须在建设美丽安徽的目标要求下，积极实施和完善全省旅游发展总体规划。省内各级政府及景区应根据全省的旅游发展总体规划，充分研究本地的旅游资源、生态环境、经济和社会的特点，制定出合理的旅游产业及旅游资源开发利用和保护规划。应在全省旅游发展的框架内，研究本地旅游容量及生态环境承载能力基础上，明确如何发展旅游业和开发旅游资源，并就在此过程中如何保护旅游资源和生态环境给出具体措施。

2）资源保护与分区保护相结合。安徽省旅游资源类型比较丰富，既有自然风光，又有人文景观。不同类型旅游资源有不同的保护要求，在保护旅游资源和生态环境过程中，

要根据其自身的不同特点，有针对性地制定不同的保护措施，特别是重要的自然景观、历史和自然遗迹，要加大保护力度。要根据旅游景区资源的组合状况，划分出一定的旅游保护区域，保持旅游资源地域组合的完整性。

3）景区保护与区域生态保护相结合。要从营造旅游大环境的角度出发，加强城乡环境保护，既要保护景区景点的生态环境，又要保护非景区景点环境，区域大环境的保护是旅游景区景点生态环境优化的保证，将景区的保护融入地区生态环境保护的大环境中。

4）加强对旅游区、旅游项目的生态环境监管，防止因项目建设造成环境污染和生态破坏。各级生态环境部门要加强对旅游区、旅游项目的生态环境监管，尤其是旅游项目在开发建设施工期间的监管。对生态敏感的旅游区和旅游项目进行生态环境监测，及时发布生态环境现状及变化趋势信息。

5）严禁在重要人文和自然景观所在地及周边地区新批污染环境项目，已建项目不符合生态功能区划要求的，要求限期关、停、迁、转。加强重要人文与自然景观所在地项目建设的生态环境准入，尤其是"三同时"制度的落实。在重要人文与自然景观区进行旅游开发建设，其规模不得超过区域环境容量，旅游区内人工景点与旅游设施的性质、布局、规模、体量及色彩等必须保持与原有自然景观和当地历史文化相协调，不得降低景观相融性或破坏景观。

6）重要人文与自然景观区开展旅游观光活动，禁止毁林毁草毁湿地、乱采滥挖野生植物、开山取石、挖土采砂、围湖造田、改变自然水系或岸线等破坏生态的行为。对旅游开发强度较大或压力较大的景观，应当实施轮休制度。

7）在自然保护区、重要生态功能保护区进行旅游开发建设，必须实现"区内旅游，区外服务"的原则，合理划分功能区，确定合理的旅游容量，合理规划设计游览区域和线路。不得在重要和敏感的区域内，如自然保护区的核心区和缓冲区、发生严重退化的重要自然生态系统、具有重要科学价值的自然遗迹和濒危物种分布区、水源保护区等区域内开展旅游活动。

3.5.8　矿山生态恢复与重建

安徽省矿产资源主要为分布在两淮地区的煤炭，沿江的马鞍山、铜陵地区的硫铁矿、金矿、银矿、铜矿塌陷区，以及芜湖、池州、安庆、巢湖等地的水泥石灰岩。

3.5.8.1　两淮地区煤矿生态恢复与重建

两淮地区煤矿生态恢复与重建措施主要包括：深层采煤导致的深层塌陷区进行水产养殖；浅层塌陷区进行挖塘造地；煤矸石充填塌陷区以营造基建用地；粉煤灰充填覆土进行造林；正在开采但尚未稳定的塌陷区进行鱼鸭混养；利用大水面、深水体、优水质的塌陷区发展旅游；利用煤矸石、粉煤灰生产建材等。

3.5.8.2 沿江金属矿矿区生态恢复与重建

1）废石和尾矿的无害化处理与综合利用。在废石和尾矿堆场周围用水泥建立坝体，以防止固废堆的滑坡和机械移动；在废物堆上种植各种永久性植物，如苇草、禾草及灌木等；利用废石和尾矿进行建筑材料加工、从废石和尾矿中提炼金属等有用物质，实现综合利用等。

2）土地复垦。分别利用邻近矿山开采的矿石和不能回收利用的尾矿，填充挖损区、塌陷区和地下采空区，经综合整治后用于农林生产；在不产生新污染的前提下，初期矿坑填充后还可作为城市固体废物的填充场；在未进行开采的山坡和矿区周围种植林木，以加固水土，防止因挖损掏空而引起山体崩塌和水土流失。

3）矿山水均衡破坏防治。合理规划、科学调度使用地下水，控制地下水超采，实施采补平衡。采用防渗帷幕、防渗墙等工程技术，截断外围地下水的补给；在岩溶塌陷灾害突出或存在重大岩溶塌陷隐患的地区，限制或禁止开采地下水；提高矿山疏排水的利用率，实施节水、污水处理回用、削减超采量等工程措施。

3.5.8.3 沿江、江淮地区水泥石灰岩矿矿区生态保护

1）制定合理的施工方案。施工中尽量减少扰动地表，平衡挖填方量；尽可能避免在雨季施工，取废弃土场应及时分段平整压实，并植草覆盖；按照水土保持方案确定施工顺序，统筹安排施工。

2）工程措施。废弃土、石集中处理，以减少对地表植被的压占；废石场底部先以大块废石垫底，利于疏导雨水；采取自上而下分段水平堆积，逐级设坝，保证坝体安全与稳定；废石场上部设截洪沟，避免废石场受洪水冲刷；矿区新建和改造道路两侧，采取护坡和道路护基措施，防止水土流失和塌方、滑坡；对临时性施工所造成的陡坡、坝，采取简易防护措施，并设置水土流失防护栏，疏导排水。

3）生物措施。在矿山开采区与外围之间设置隔离绿化林带；矿区运输道路两侧栽种绿化树木，在边坡和路基种草；矿区采掘退役，应及时覆土，恢复植被。

3.5.9 地下水超采重点预防区保护

淮河以北的广大地区，地下水超采严重，漏斗面积在部分城市不断扩大。结合地下水分布及开采特点，可采取如下保护措施。

1）制定地下水超采重点预防区控制性规划。结合水资源开发利用规划，制定详细的、切实可行的地下水超采重点预防区控制性规划。在城市规划供水范围内，禁止新建自备井，将现有的自备井纳入城市供水，并逐步关停。

2）禁止建设项目及活动。基于水资源的重要性以及水源地重要的生态区位，禁止建设大量取用地下水或污染严重的农药、火电、生料造纸、原药制造、化纤、染料化工、炼焦等项目。

3）限制建设项目及活动。限制在没有回灌措施的地下水严重超采区建设取水项目；

限制新建、扩建用水量大的项目；限制大水漫灌和蔬菜等耗水量大的农业示范项目。

4）支持建设项目及活动。支持污水处理、中水回用及合理回灌地下水项目；支持跨流域地区调水、节水灌溉、雨洪资源回补地下水及优先利用地表水项目；支持在条件好的区域种植水源涵养作用较强的树种；支持小流域综合治理项目；科学合理兴建坑塘坝等小型水利工程项目；严格执行水资源保护相关法律，严格管理，必须坚持在保护的基础谋求发展；合理利用水资源，建立节水型社会。

3.5.10　水资源开发利用生态保护

按照统筹城乡发展的要求，结合农村饮水工程建设，提高农民生活质量和农村水环境质量。加大农村水生态环境保护和整治力度，积极研究跨地区引水工程、水源工程建设等水资源配置的有关难题，努力实现水资源优化配置和供需平衡，使水资源的开发利用与社会经济发展、生态环境保护相协调。合理调配各地区的生活、生产和生态用水，研究全省水资源供给配置中存在的关键技术问题，满足经济社会发展对水量水质的要求。

最大限度地保存地表水和地下水的清洁水源，最大限度地利用降水和再生水源，保证生态用水需求。发展节水型农业、节水型工业，建设节水型城市。继续加强节水工作，合理调整用水价格。北方缺水地区要尽量实现农田、果林节水灌溉；降低工业用水，鼓励水资源重复利用；开展城市节水，在城市推行节水器具；推行居住小区和单位中水回用。结合城市污水处理厂的发展，建设中水回用设施。

合理制订开采地下水的计划，逐步恢复潜水水位，重点控制工农业取用地下水。开展北方缺水地区各类地下水资源开发利用调查研究。重视保护现有湿地生态系统，在适宜地区建设人工湿地。积极开展雨水利用工作，做好汛期雨洪的拦截及回灌工作。开展污水回灌地下水应用研究和适宜地区地下水回灌与储存应用研究。大力利用再生水的同时，完善各类再生水水质标准。

1）划定水资源保护区。基于水资源的重要性，划定水资源保护区，主要包括地表水源集中式生活饮用水水源地保护区、集中式生活饮用水地下水源地保护区和城镇地下水源保护区，以及村镇集中饮用水水源保护区。

2）禁止建设项目及活动。严格按照安徽省饮用水源地环境保护条例要求，在水源保护区内禁止新建、扩建向水体排放污染物的项目；禁止建设生活垃圾及有毒有害工业废物堆存的项目；禁止利用未经净化的废水进行农业灌溉；禁止继续开矿，对已开采的矿点，依法进行监督管理，采取有效的矿坑封存和矿山复垦措施；禁止建设非更新砍伐水源林项目；禁止建设利用渗坑、渗井、裂隙等排放废水及有毒有害废物的项目。

3）限制建设项目及活动。限制水源保护区内所有破坏植被的活动，已经开垦的农田，其土壤薄、产量低的应予以退耕还林、还草；土壤条件好，效益高的田地应限制农药、化肥的使用，减少其对水体产生的污染。

4）支持建设项目及活动。支持小流域综合治理项目；支持植树造林、涵养水源、退田还湖、矿坑封存、矿山恢复及生态农业项目；严格执行水资源保护法，强化管理；合理利用水资源，推行节水制度。

3.5.11　土地资源开发利用生态保护

1）冻结征用具有重要生态功能的林地、湿地、基本农田，加强对交通、能源、水利等重大基础设施建设的生态环境保护监管，建设线路和施工场地要科学选址，尽量减少占用林地、草地和耕地。

2）加强对田、水、路、林、村用地的综合整治，增加耕地及其他农用地的有效面积，积极复垦整理工矿废弃地和自然灾害损毁地，合理开发未利用土地。土地生态环境根本改善，土地利用的综合效益明显提高。

3）禁止建设项目及活动。禁止建设破坏天然林、湿地的项目，严禁滥伐，严禁陡坡开荒、毁林开荒及幼林地放牧；禁止在崩塌滑坡危险区、泥石流易发区和严重沙化区建设取土、挖沙、采石等项目。

4）限制建设项目及活动。限制修建铁路、采矿、炼焦、造纸、化工等用水量大的项目，必须控制用地规模并尽量减小其生态破坏。

5）支持建设项目及活动。支持资源开发的单位或个人在资源开发的过程中制定水土保持方案；支持在脆弱生态系统区域实施生态恢复或重建项目；支持小流域综合治理项目；支持造林绿化、封山育林育草、坡度大于25°的土地全部退耕还林还草还湿、矿坑封存、矿山生态恢复项目。

3.5.12　生物资源开发利用生态保护

保护好集中分布于大别山、皖南山区林区以及其他地区的天然林资源和各类生态公益林资源，同时各地应结合实际发展用材林、薪炭林。

1）积极实施天然林保护和封山育林工程。在森林植被保存相对较好的地区和重要水库上游水源涵养区域实施封山育林，最大限度地保护和发挥好森林的生态效益。

2）加大森林恢复力度。对毁林开垦的耕地和开山采石造成的废弃地，要按照"谁批准谁负责，谁破坏谁恢复"的原则，限期退耕还林；加大火烧迹地、采伐迹地的封山育林力度，在适宜地段扩大经济林规模；制定优惠政策鼓励农民积极开发宜林荒地。

3）生态公益林的建设与保护。按照保护优先，预防为主的原则，加快发展生态公益林，特别要加强生态敏感地区的生态公益林建设和保护。

4）经济林建设与保护。经济林建设要依据因地制宜的原则，在兼顾经济效益的同时，充分考虑生态效益。

5）生物资源开发与保护。开发生物资源时，必须重点保护好国家级、省级保护动物、植物，逐步划定准采区，规范采挖方式。在物种丰富、具有自然生态系统代表性、典型性、未受破坏的地区抓紧抢建一批濒危珍稀植物自然保护区，在对保护区资源进行综合评价的前提下，制定相应的生态环境保护规划，划定保护范围和保护级别。积极支持退耕还林还草还湖、生态农业、水土保持项目；逐步采取综合生态环境保护措施，恢复被破坏的景观，逐步调整森林生态系统结构。

6）进一步加强生物安全管理。生物安全在国家安全的领域中具有重要的作用，因此必须对此予以高度重视。应在国家有关规定及法律框架下，建立转基因生物活体及其产品的进出口管理制度和风险评估制度。对引进外来的物种必须进行风险评估，加强进口检疫工作，以防止国外有害物种进入安徽省，造成重大的生态后果。

3.5.13 旅游资源开发利用生态保护

安徽省生态旅游业发展必须把旅游资源优势和生态环境优势有机结合起来。自然和人文景观丰富的地区开展生态旅游，必须保护旅游区的自然及人文景观不受污染和破坏，保持并完善旅游区优美的自然景观、人文景观及旅游资源，提升旅游、娱乐、休闲、观光价值。必须科学确定旅游区的游客容量，合理设计旅游线路，使旅游基础设施建设与生态环境的承载能力相适应，旅游区的污水、烟尘和生活垃圾处理，必须实现限期达标排放和科学处置。旅游区开发及旅游项目的实施，必须严格执行国家旅游局和国家环保总局联合发布的《关于进一步加强旅游生态环境保护工作的通知》（旅计财发〔2005〕5 号）精神，妥善处理好各类自然生态和人文景观保护与利用的关系，将旅游环境保护工作落到实处。

1）高标准地规划和建设好生态旅游区。编制高起点、高标准、高水平的全省生态旅游发展规划，重点生态旅游区都要编制控制性详细规划。在规划、建设生态旅游区时，要尊重自然、顺其自然，建筑设施要突出特色，与周围环境融为一体。

2）鼓励企业投资生态旅游景区的建设。在政府规划的指导下，引入市场机制，以企业开发方式为主，引导企业利用安徽的生态环境资源优势，加快旅游景区的建设。在旅游项目开发中，要做到旅游开发和生态环境建设同步规划、同步实施。

3）扶持和规范自然保护区、森林公园在有效保护前提下的适度开发。根据不同区域的功能、承受能力和具体环境特点，科学规划，分区管理。合理建设旅游设施、景点，设计好旅游线路，严格执法，规范管理。

4）加强旅游景区的生态建设和环境整治。大力植树种草，绿化、美化旅游区的环境。旅游景区要通过编制手册、树立标牌、导游讲解、实物展示等手段，宣传生态保护知识。实行废弃物的分类管理制度，推广使用可降解的旅游快餐具和包装物，保持良好的环境卫生。禁止制作、出售用国家保护野生动植物制作的旅游纪念品，保护生态资源。

第4章

安徽省空气质量改善路径研究

4.1 "十三五"大气环境保护工作回顾

4.1.1 大气环境质量变化趋势分析

4.1.1.1 优良天数变化趋势分析

"十三五"期间安徽省优良天数总体上升（表 4-1 和图 4-1），2020 年全省优良天数比例达 82.9%，较 2016 年提高 4.7%，完成国家下达的目标任务，但淮北、亳州、宿州、阜阳、淮南和池州 6 个市未完成目标任务（实况对标况）。与 2016 年相比，2020 年淮北、亳州、淮南、六安分别下降了 2.5%、4.3%、5.2%、1.6%；其余 12 个城市均有不同程度的上升，其中合肥、马鞍山、铜陵、安庆上升幅度较大，分别达 11.5%、10.4%、12.3%、10.5%。

表 4-1　2016—2020 年优良天数占比与 2020 年目标值比较　　　　单位：%

行政区划	2016 年	2017 年	2018 年	2019 年	2020 年	2020 年目标值	2020 年较2016 年变化	是否达标
合肥市	73.5	69.1	77.8	70.4	85	80	11.5	是
淮北市	73.8	60.0	64.1	58.6	71.3	80	−2.5	否
亳州市	74.5	64.0	65.2	56.5	70.2	81.8	−4.3	否
宿州市	66.9	55.3	67.1	61.4	71.6	80	4.7	否
蚌埠市	74.6	67.2	72.3	71.2	81.4	80	6.8	是

行政区划	2016 年	2017 年	2018 年	2019 年	2020 年	2020 年目标值	2020 年较 2016 年变化	是否达标
阜阳市	70.5	66.6	74.2	57.1	71.9	83.8	1.4	否
淮南市	77.9	63.0	70.1	61.9	72.7	84.5	−5.2	否
滁州市	71.9	70.4	74.8	69.6	81.1	80	9.2	是
六安市	86.3	85.2	80.5	80.8	84.7	82.7	−1.6	是
马鞍山市	77.9	69.9	74.2	70.7	88.3	80.1	10.4	是
芜湖市	82.2	74.2	72.9	71.8	88.3	82.3	6.1	是
宣城市	83.8	81.8	89.3	90.1	92.6	82.6	8.8	是
铜陵市	79.5	77.0	86	80.8	91.8	82.8	12.3	是
池州市	81.5	72.5	86	76.9	88.5	94.5	7.0	否
安庆市	77.5	76.7	82.2	75.3	88	86.5	10.5	是
黄山市	98.4	98.1	98.4	95.9	99.7	94.7	1.3	是
安徽省	78.2	71.9	77.2	71.8	82.9	82.9	4.7	是

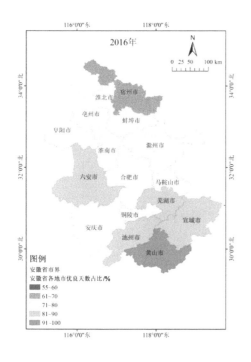

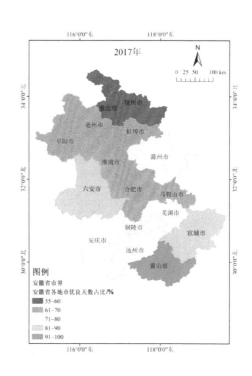

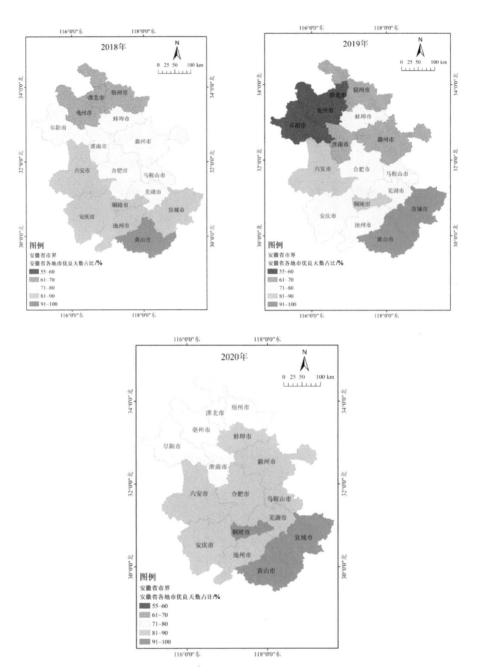

图 4-1　2016—2020 年安徽省优良天数占比分布

4.1.1.2　PM2.5浓度变化趋势分析

安徽省 16 市 2020 年 PM2.5浓度较 2016 年均有所下降（表 4-2 和图 4-2），由 2016 年的 51 μg/m³ 下降到 2020 年的 39 μg/m³，下降了 23.5%，完成国家下达目标任务。达标城市中合肥、滁州降幅较大，较 2016 年分别下降 34.5%、30.5%，未达标城市阜阳和淮南市仅下降 16.9% 和 11.1%。

表 4-2　2016—2020 年 PM$_{2.5}$ 浓度与 2020 年目标值比较　　　　单位：μg/m³

行政区域	2016 年	2017 年	2018 年	2019 年	2020 年	2020 年目标值	2020 年较 2016 年变化	是否达标
合肥市	55	54	46	44	36	53	−19	是
淮北市	55	64	56	54	48	49	−7	是
亳州市	56	61	55	53	47	49	−9	是
宿州市	62	67	55	50	46	50	−16	是
蚌埠市	58	58	52	51	43	51	−15	是
阜阳市	59	64	52	51	49	42	−10	否
淮南市	54	59	53	53	48	43	−6	否
滁州市	57	53	48	48	39	50	−18	是
六安市	44	44	43	41	37	47	−7	是
马鞍山市	46	47	43	43	36	49	−10	是
芜湖市	51	46	48	44	35	48	−16	是
宣城市	49	48	42	41	33	41	−16	是
铜陵市	49	55	46	47	35	48	−14	是
池州市	43	57	42	42	34	34	−9	是
安庆市	51	53	45	45	36	44	−15	是
黄山市	27	25	23	24	20	35	−7	是
安徽省	51	53	47	46	39	46	−12	是

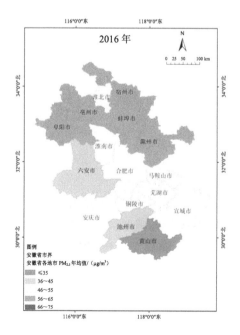

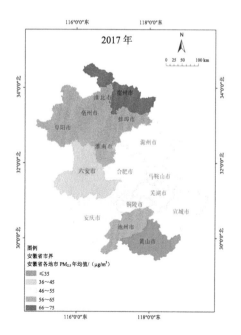

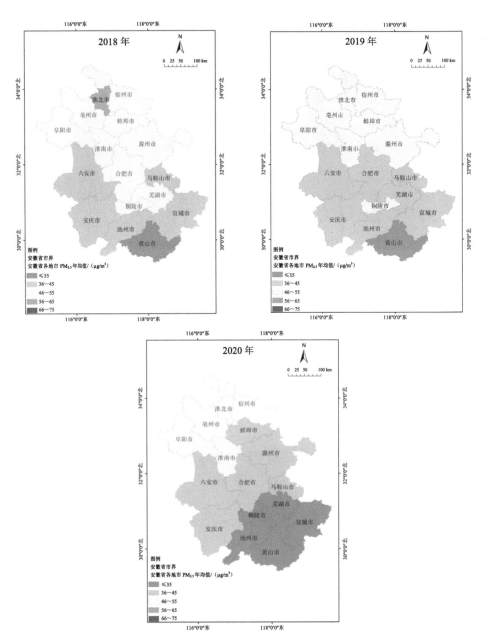

图 4-2　2016—2020 年安徽省 PM2.5 浓度分布

4.1.1.3　O₃ 浓度变化趋势分析

O₃ 作为"十三五"期间的非考核指标，但是直接影响优良天数比例，"十三五"期间 O₃ 浓度呈先升后降趋势（2016—2019 年上升，2020 年下降），2016—2019 年安徽省 O₃ 日最大 8 小时第 90 百分位浓度从 128 μg/m³ 上升到 165 μg/m³，上升了 28.9%。2020 年 O₃ 日最大 8 小时第 90 百分位浓度为 148 μg/m³，较 2016 年上升了 15.6%，较 2019 年下降了 10.3%（表 4-3 和图 4-3）。

表 4-3　2016—2020 年安徽省 O₃ 日最大 8 小时第 90 百分位浓度　　单位：μg/m³

行政区划	2016 年	2017 年	2018 年	2019 年	2020 年	2020 年较 2016 年变化
合肥市	138	156	155	168	144	6
淮北市	147	166	169	185	167	20
亳州市	136	156	169	176	166	30
宿州市	138	163	166	179	162	24
蚌埠市	144	151	162	155	148	4
阜阳市	132	140	150	176	151	19
淮南市	136	167	164	173	160	24
滁州市	144	163	159	167	153	9
六安市	134	143	155	145	154	20
马鞍山市	144	173	170	178	148	4
芜湖市	106	162	164	174	140	34
宣城市	88	130	126	134	136	48
铜陵市	126	126	134	150	126	0
池州市	120	126	144	171	140	20
安庆市	125	124	151	166	145	20
黄山市	90	107	90	140	130	40
安徽省	128	147	152	165	148	20

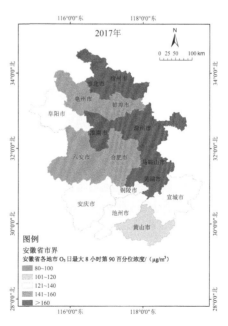

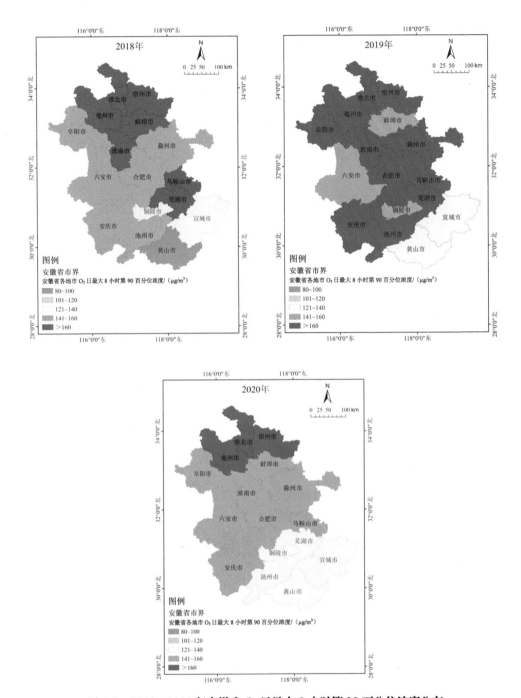

图 4-3　2016—2020 年安徽省 O_3 日最大 8 小时第 90 百分位浓度分布

4.1.2　主要污染物排放分析

4.1.2.1　SO_2 排放量及占比分析

2016—2020 年安徽省 SO_2 年排放总量为 10.86 万～27.2 万 t（表 4-4 和图 4-4），呈逐

年降低趋势，2020 年较 2016 年下降了 60.07%，约 16.34 万 t。其中，工业源年排放量为 10.47 万～25.51 万 t，呈逐年下降趋势，2020 年较 2016 年下降了 58.96%，约 15.04 万 t；生活源年排放量为 0.26 万～1.67 万 t，总体呈下降趋势，2020 年较 2016 年下降了 77.23%，约 1.29 万 t；集中式排放量变化不大，为 0.01 万～0.02 万 t。

表 4-4　主要大气污染物排放量　　　　　单位：万 t

项目	2016 年	2017 年	2018 年	2019 年	2020 年
SO$_2$ 排放总量	27.2	19.54	16.27	15.1	10.86
其中：工业源	25.51	18.21	15.56	14.83	10.47
生活源	1.67	1.31	0.69	0.26	0.38
集中式	0.02	0.02	0.02	0.01	0.01
NO$_x$ 排放总量	70.08	58.37	58.77	57.34	46.43
其中：工业源	38.54	26.52	26.44	25.53	17.18
生活源	1.37	1.25	0.89	0.64	0.79
集中式	0.04	0.03	0.03	0.03	0.05
机动车	30.13	30.57	31.41	31.14	28.40
颗粒物排放总量	97.92	58.88	48.04	55.97	12.99
其中：工业源	92.66	54.44	45.5	54.82	8.83
生活源	4.77	4	2.12	0.8	3.85
集中式	0.005	0.005	0.005	0.002	0.002
机动车	0.48	0.44	0.41	0.33	0.31

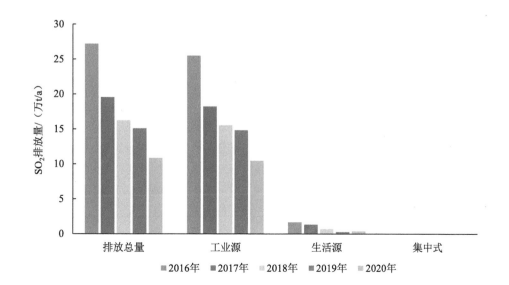

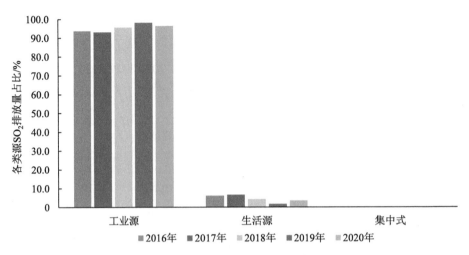

图 4-4　SO₂ 排放量及占比分析

4.1.2.2　NOₓ 排放量及占比分析

2016—2020 年安徽省 NOₓ 年排放总量为 46.43 万～70.08 万 t（表 4-4 和图 4-5），2016—2018 年呈先下降后上升的趋势，2018—2020 年呈逐年下降的趋势，2020 年较 2016 年下降了 33.75%，约 23.65 万 t。其中，工业源年排放量为 17.18 万～38.54 万 t，呈逐年下降趋势，2020 年较 2016 年下降了 55.42%，约 21.36 万 t；生活源年排放量为 0.64 万～1.37 万 t，2016—2019 年呈逐年下降趋势，2020 年略有回升，总体呈下降趋势，2020 年较 2016 年下降了 42.34%，约 0.58 万 t；集中式年排放量变化不大，为 0.03 万～0.05 万 t；机动车 NOₓ 年排放量为 28.40 万～30.57 万 t，2016—2018 年呈逐年增长趋势，2018—2020 年呈逐年下降趋势，2020 年较 2016 年下降了 5.74%，约 1.73 万 t，年排放量占比在排放源中呈增加趋势，并已成为主要排放源。

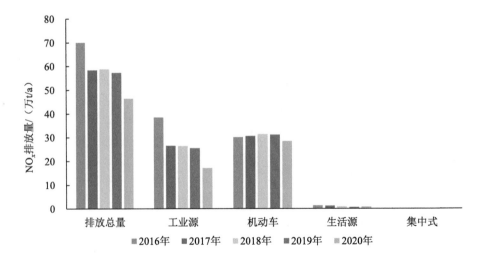

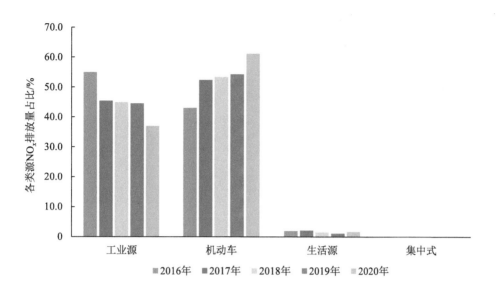

图 4-5 NOₓ排放量及占比分析

4.1.2.3 颗粒物排放量及占比分析

2016—2020 年安徽省颗粒物年排放总量为 12.99 万～97.92 万 t（表 4-4 和图 4-6），除 2019 年略为反弹外，总体呈下降趋势，2020 年较 2016 年下降了 86.73%，约 84.93 万 t。其中，工业源年排放量 8.83 万～92.66 万 t，呈逐年下降趋势，2019 年有所反弹，2020 年继续下降，2020 年较 2016 年下降了 90.47%，约 83.83 万 t；生活源年排放量 0.80 万～4.77 万 t，2016—2019 年颗粒物排放量呈逐年下降趋势，2020 年有大幅回升，总体来看，2020 年较 2016 年只下降了 19.24%，下降不明显，约 0.92 万 t；集中式颗粒物排放量较小，大概在 0.005 万 t 以下，且"十三五"期间变化幅度不大；机动车颗粒物年排放量较小，约 0.5 万 t 以下，且呈逐年下降趋势。

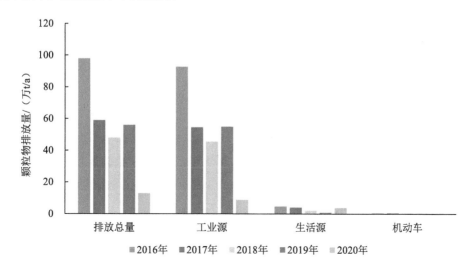

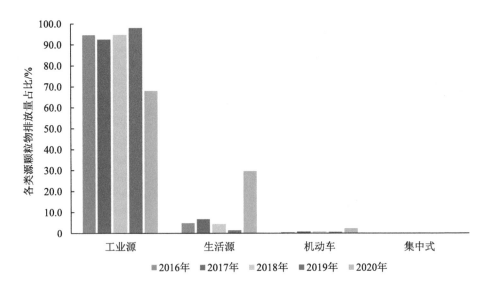

图 4-6　颗粒物排放量及占比分析

4.1.3　大气环境保护工作

"十三五"期间，安徽省扎实推进打赢蓝天保卫战各项工作任务，从"控煤""控气""控车""控尘""控烧"五个方面推进大气污染防治工作，强化科技支撑，落实保障措施，积极融入长三角一体化，有效应对重污染天气。

4.1.3.1　实施煤炭消费总量控制

（1）实施煤炭消费减量替代

加强源头控制和过程管控，先后印发《安徽省用煤投资项目煤炭消费减量替代管理暂行办法》《安徽省散煤治理实施方案（2018—2020 年）》等文件，坚决遏制煤炭消费过快增长。集中开展重点企业"一企一策"耗煤管理，督促重点耗煤企业逐一落实各项减煤措施。全省已累计淘汰或清洁能源替代每小时 35 蒸吨以下燃煤锅炉 1 898 台，全省每小时 35 蒸吨以下燃煤锅炉基本全部淘汰；已完成每小时 65 蒸吨以上燃煤锅炉超低排放改造 127 台；累计完成燃气锅炉低氮改造 1 046 台。全省建成区基本实现散煤清零。

（2）大力发展清洁能源和新能源

可再生能源发电装机占全社会装机比重从"十二五"的 12.2%提高到"十三五"的 31.6%。2020 年全省可再生能源发电量 363.9 亿 kW·h，占全社会发电量的 13.1%，较 2015 年增加 252 亿 kW·h。其中，水电发电量 66.2 亿 kW·h、风电发电量 56.8 亿 kW·h、光伏发电量 130.2 亿 kW·h、生物质发电量 110.7 亿 kW·h。

4.1.3.2 加强工业污染源监管

（1）重点行业污染治理升级改造

全面推动火电、水泥和钢铁等重点行业超低排放改造。全面完成每小时 65 蒸吨以上燃煤锅炉和火电机组超低排放改造；淘汰每小时 35 蒸吨以下燃煤锅炉和炉膛直径 3 m 及以下燃料类煤气发生炉；完成 92 条水泥行业新地标排放限值改造；完成钢铁行业超低排放改造。

（2）落后产能淘汰和过剩产能压减

安徽全省累计淘汰落后钢铁产能 258 万 t、煤炭产能 690 万 t、电力产能 39 万 kW、水泥产能 24.3 万 t、造纸产能 5.1 万 t。完成 79 家落后产能淘汰（过剩产能压缩）、1 家钢铁产能置换、4 家水泥熟料产能指标跨省出让。坚决防范"地条钢"的死灰复燃，查处"地条钢"企业 1 例，拆除中频炉 6 台。

（3）工业污染源达标排放整治

制定《重点污染源自动监控设备"安装、联网、运维监管"三个全覆盖实施方案》，建立全省重点排污单位名录库，强化对全省重点排污单位的监管，严厉打击自动监测数据弄虚作假行为。

（4）"散乱污"企业及集群综合整治

制定《关于深入开展"散乱污"企业排查整治工作的通知》，对全省"散乱污"企业开展拉网式排查，建立管理台账，实施分类处置。全省共排查"散乱污"企业 17 908 家，已全部完成整改。

4.1.3.3 精准实施移动源控制

（1）强化移动源监察监督机制

全省开展遥感监测网络建设，构建机动车"天地车人"一体化监控系统。加大路检路查力度，全省共查处"驾驶排放检验不合格的机动车上道路行驶的"1 099 起，查处车辆逾期未检验违法行为 28.6 万起，车辆逾期未报废违法行为 3 973 起；共办理老旧车注销登记 140 012 辆，公告牌证作废 13 872 辆；划定低排放控制区，登记非道路移动机械 13 139 台；完成岸电设施 145 套。

（2）车船结构升级

提前实施机动车国六排放标准。按照《安徽省人民政府关于印发支持新能源汽车产业创新发展和推广应用若干政策的通知》（皖政〔2017〕110 号）的要求，全省新增及更换公交车 3 237 辆，全部为新能源公交车；完成 6 291 艘船舶改造；依法强制报废超过使用年限的船舶。

（3）油品质量升级

停止销售低于国六排放标准的车用汽柴油，供应符合国六排放标准的车用汽柴油，实现车用柴油、普通柴油、部分船舶用油"三油并轨"，对成品油开展省级监督抽查 150 批次。

（4）调整货物运输结构

庐铜铁路、马鞍山郑蒲港铁路专用线建成通车；铜陵、池州、安庆等沿江主要港口及阜阳煤基新材料产业园、六安首矿大昌公司铁路专用线开工建设；宁芜铁路复线工程、淮北平山电厂二期、蚌埠临港铁路专用线完成前期工作；推进省级多式联运示范工程，完成多式联运量 69.61 万标箱；新增铁路货运量 720.2 万 t，发展"公转水""水水中转"。

4.1.3.4　强化扬尘污染控制

制定并发布《建筑工程施工和预拌混凝土生产扬尘污染防治标准（试行）》，细化量化扬尘污染防治"六个百分之百"。设区市建成区和县城道路保洁机械化清扫率分别达到 80% 和 60% 以上。完成大型煤炭、矿石码头等工业物料堆场防风抑尘设施建设和设备配备，新建码头要求建设防风抑尘设施设备。开展非煤矿山绿色发展提升活动，停止新建露天矿山建设项目。

4.1.3.5　实施秸秆禁烧、综合利用及烟花爆竹禁限放

（1）秸秆禁烧和综合利用

制定《安徽省农作物秸秆综合利用三年行动计划（2018—2020 年）》若干政策和考核办法等一系列政策文件。完成秸秆综合利用量 4 250 万 t，综合利用率达到 91.7%，结合卫星遥感技术，全面监控秸秆露天焚烧。

（2）开展烟花爆竹禁限放工作

省大气办每年印发《关于春节期间禁燃禁放烟花爆竹的倡议书》，广泛动员部署，切实减轻燃放烟花爆竹带来的不利影响，促进空气质量改善。春节期间，未发生因燃放烟花爆竹造成空气质量严重污染的现象。

4.1.3.6　科学有效应对重污染天气

（1）重污染天气应急联动

开展省级空气质量预报、重污染天气预警、市级空气质量预报业务，加强与中国环境监测总站、上海长三角区域空气质量预测预报中心的信息共享，积极参与区域重污染天气联合应对工作，实施应急联动，协作开展人工增雨改善空气质量作业，实现大气污染物浓度"削峰"。

（2）夯实应急减排措施

修订完善安徽省重污染天气应急预案，制定应急减排清单，按照红色、橙色、黄色分别不低于 30%、20%、10% 减排量要求，制定管控措施，覆盖所有涉气企业。开展绩效分级，对钢铁、建材、焦化、铸造、有色、化工等重点行业实施差异化管控。

（3）源排放清单编制和源解析

完成源排放清单编制和源解析专项工作，结合安徽省"三线一单"编制需求开展相关网格化技术研发，取得了源排放清单编制规范化方案、分配因子及网格化地理信息技术等。

4.2　污染成因研究

利用安徽省空气质量自动监测站点数据及加密监测数据，结合安徽省重点研发计划项目"安徽省区域性 $PM_{2.5}$ 污染形成机制与应对策略研究"和安徽省省级环保科研项目"基于协同控制机制的安徽省臭氧污染改善路径研究"的研究成果，揭示了安徽省典型城市 $PM_{2.5}$ 和 O_3 污染成因，为大气污染防治提供技术支撑。

4.2.1　气象成因

4.2.1.1　 $PM_{2.5}$ 污染气象成因

（1）数据来源

2019 年 1 月 1 日—12 月 31 日，合肥市、铜陵市、蚌埠市和宣城市的 $PM_{2.5}$ 日污染物浓度数据来自全国城市空气质量实时发布平台。相同时段小时气象要素数据来自中国气象数据网，气象数据采用均值法统计；气象要素相关性分析采用 CORREL 函数法。

（2）结果分析

安徽省典型城市（合肥、铜陵、蚌埠、宣城）细颗粒物浓度季节变化相近，均呈现冬高夏低，春秋两季相当的季节变化特征。气压季节变化特征与 $PM_{2.5}$ 浓度变化相似，冬高夏低，春秋两季相差不大。气温季节变化与 $PM_{2.5}$ 浓度变化呈现一定的相反性，夏高冬低，春秋相当。安徽省典型城市降水量有一定的差别，合肥市呈现夏高秋低，春冬相差不大的季节变化特征；铜陵、宣城降水量季节变化相似，春夏较高，秋季较低；蚌埠夏季高，其余三季降水量较低。风速季节变化，合肥、蚌埠相似，春夏较高，秋季最低；铜陵、宣城风速变化相近，随春夏秋冬季节变化逐渐降低。合肥、蚌埠、宣城相对湿度随季节变化逐渐增高。典型城市能见度变化相近，春夏秋三季较高，冬季较低。云量变化合肥、铜陵相近，冬季最高，秋季最低，春季略高于夏季；蚌埠市云量季节变化也是冬季最高，秋季最低，但是夏季略高于春季；宣城市云量数据缺失。

通过 CORREL 函数系统分析了不同季节气象要素对污染物浓度的影响，分析结果如下：

1）$PM_{2.5}$ 浓度与气压的相关性分析。由表 4-5 $PM_{2.5}$ 浓度与气压的相关性分析可知，$PM_{2.5}$ 与气压的相关性总体上不显著，春夏季总体呈正相关，冬季呈负相关；秋季合肥、铜陵 $PM_{2.5}$ 与气压呈负相关，蚌埠、宣城呈正相关。相对来说，宣城与铜陵市 $PM_{2.5}$ 浓度变化与气压的相关性较合肥、蚌埠要显著。

表 4-5 PM₂.₅浓度与气压的相关性

城市	春季	夏季	秋季	冬季
合肥	0.16	0.20	−0.02	−0.12
铜陵	0.22	0.26	−0.01	−0.21
蚌埠	0.16	0.12	0.06	−0.12
宣城	0.32	0.39	0.06	−0.18

2）PM₂.₅浓度与气温的相关性分析。由表 4-6 PM₂.₅浓度与气温的相关性分析可知，夏冬季总体呈正相关，春秋季呈负相关。此外，其相关性在春季负相关较为明显，冬季正相关明显。从区域来看，宣城市 PM₂.₅浓度与气温的相关性较其余城市高。

表 4-6 PM₂.₅浓度与气温的相关性

城市	春季	夏季	秋季	冬季
合肥	−0.42	0.03	−0.12	0.21
铜陵	−0.45	0.03	−0.08	0.26
蚌埠	−0.35	0.01	−0.22	0.16
宣城	−0.50	−0.08	−0.17	0.27

3）PM₂.₅浓度与降水量的相关性分析。由表 4-7 PM₂.₅浓度与降水量的相关性分析可知，PM₂.₅浓度与降水量均呈负相关，且夏季和冬季的相关性较高，春季和秋季的相关性较低。从区域来看，宣城、铜陵 PM₂.₅浓度变化受降水量的影响较合肥、蚌埠显著。

表 4-7 PM₂.₅浓度与降水量的相关性

城市	春季	夏季	秋季	冬季
合肥	−0.17	−0.24	−0.14	−0.29
铜陵	−0.17	−0.32	−0.04	−0.35
蚌埠	−0.19	−0.20	−0.06	−0.35
宣城	−0.25	−0.43	−0.24	−0.38

4）PM₂.₅浓度与风速的相关性分析。由表 4-8 PM₂.₅浓度与风速的相关性分析可知，PM₂.₅浓度与风速均呈负相关，总体上四季 PM₂.₅浓度变化与风速均有相关性。从区域来看，合肥市夏秋的相关性较高，春冬较低；铜陵市四季 PM₂.₅浓度变化受风速影响均较高；蚌埠、宣城在夏秋冬三季 PM₂.₅浓度变化受风速的影响较为显著。此外，冬季铜陵、宣城、蚌埠三市风速对 PM₂.₅浓度变化的影响较合肥市要显著。

表 4-8　PM2.5 **浓度与风速的相关性**

城市	春季	夏季	秋季	冬季
合肥	−0.10	−0.28	−0.20	−0.03
铜陵	−0.23	−0.26	−0.35	−0.25
蚌埠	−0.01	−0.26	−0.20	−0.39
宣城	−0.05	−0.25	−0.35	−0.29

5）PM2.5 浓度与相对湿度的相关性分析。由表 4-9 PM2.5 浓度与相对湿度的相关性分析可知，PM2.5 浓度与相对湿度总体上在夏秋冬三季呈负相关，在春季呈正相关，且夏季相关性相对较为显著。从区域来看，夏季合肥、蚌埠、宣城三市 PM2.5 浓度受相对湿度的影响较铜陵市高。

表 4-9　PM2.5 **浓度与相对湿度的相关性**

城市	春季	夏季	秋季	冬季
合肥	0.23	−0.39	−0.05	−0.14
铜陵	0.22	−0.24	−0.21	−0.20
蚌埠	0.17	−0.37	−0.13	0.01
宣城	0.15	−0.45	−0.26	−0.10

6）PM2.5 浓度与能见度的相关性分析。由表 4-10 PM2.5 浓度与能见度的相关性分析可知，PM2.5 浓度与能见度呈负相关，且春秋季能见度对 PM2.5 浓度的影响总体较夏冬季高。从区域来看，合肥、铜陵、蚌埠三市 PM2.5 浓度受能见度的影响总体较宣城市显著。

表 4-10　PM2.5 **浓度与能见度的相关性**

城市	春季	夏季	秋季	冬季
合肥	−0.44	−0.10	−0.31	−0.22
铜陵	−0.40	−0.16	−0.33	−0.18
蚌埠	−0.36	−0.28	−0.36	−0.35
宣城	−0.28	−0.08	−0.15	−0.24

7）PM2.5 浓度与云量的相关性分析。由表 4-11 PM2.5 浓度与云量的相关性分析可知，云量对 PM2.5 浓度的影响总体上不显著。

表 4-11　PM$_{2.5}$浓度与云量的相关性

城市	春季	夏季	秋季	冬季
合肥	−0.02	−0.02	−0.12	−0.03
铜陵	0.10	−0.22	−0.14	−0.05
蚌埠	−0.25	−0.14	−0.01	−0.03
宣城	—	—	—	—

综上所述，安徽省典型城市气象因素对 PM$_{2.5}$浓度的影响，春夏季气压和相对湿度对 PM$_{2.5}$浓度的影响较为显著，春冬季气温的影响显著性较高，降水量在夏冬季对 PM$_{2.5}$浓度的影响较为显著，夏秋季风速的影响较为显著，能见度在春秋季对 PM$_{2.5}$浓度的影响较为显著，云量对 PM$_{2.5}$浓度的影响不大。

4.2.1.2　O$_3$污染气象成因

（1）数据来源

安徽省 2017—2019 年 O$_3$小时浓度数据来自全国城市空气质量实时发布平台。相同时段小时气象要素数据来自中国气象数据网，气象数据采用均值法统计；气象要素相关性分析采用相符性分析法。

（2）结果分析

1）气温、风速的影响。由图 4-7 和图 4-8 可以看出，气温较高的 5—10 月 O$_3$浓度也相对较高；O$_3$浓度变化与风速关联性较弱。从逐年变化来看，臭氧浓度在 2017—2019 年呈现整体逐年上升的趋势，而气温年变化不明显，所以从年变化来看，气温与 O$_3$的相关性较低。从风速来看，O$_3$浓度与风速的相关性也不明显。总体来看，风速和气温并非对污染产生影响的决定性气象因素。

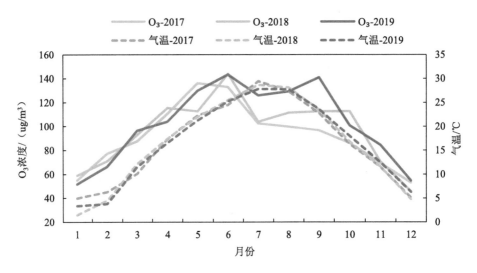

图 4-7　2017—2019 年逐月气温与 O$_3$浓度变化情况

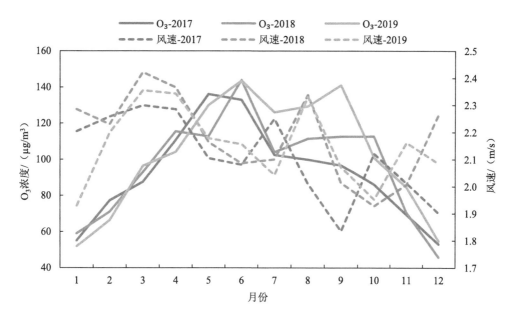

图 4-8　2017—2019 年逐月风速与 O₃浓度变化情况

2）降水量、相对湿度的影响。由图 4-9 和图 4-10 可以看出，降水量较少、相对湿度较低的 8—10 月 O₃浓度较高。2017—2019 年安徽省降水量与相对湿度逐年下降，为 O₃浓度的上升提供了气象条件。

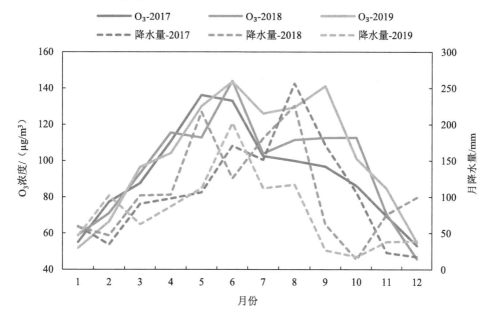

图 4-9　2017—2019 年月降水量与 O₃浓度变化情况

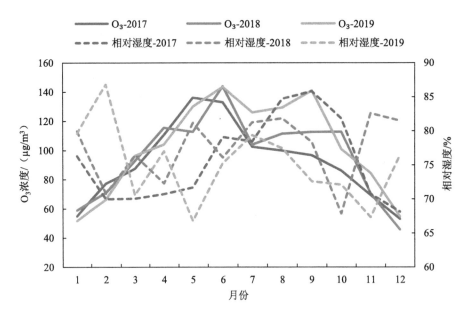

图 4-10 2017—2019 年相对湿度与 O₃ 浓度变化情况

3）太阳总辐射的影响。由图 4-11 可以看出：O₃ 浓度与太阳总辐射强度具有良好的对应关系，太阳总辐射与 O₃ 浓度呈显著相关性。2017—2019 年的下半年太阳总辐射总体呈现逐年上升的趋势，而 O₃ 浓度也总体呈现逐年上升的趋势，说明太阳总辐射这一局地气象条件是 2017—2019 年安徽省 O₃ 浓度上升的气象因素之一。

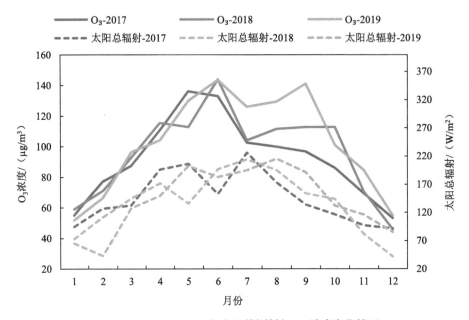

图 4-11 2017—2019 年太阳总辐射与 O₃ 浓度变化情况

综上所述，2017—2019 年安徽省 O_3 浓度上升与太阳总辐射的逐年上升，以及降水量、相对湿度的逐年下降这些气象要素的变化有密切的关系。

4.2.2　传输成因

4.2.2.1　PM$_{2.5}$ 传输成因

（1）数据来源

受不利气象条件影响，安徽省 2018 年 11 月 25 日—12 月 2 日经历一次中度—重度污染过程，污染持续时间长，浓度较高，此段时间 PM$_{2.5}$ 平均浓度为 120 μg/m^3，超国家二级标准限值（35 μg/m^3）2.4 倍，重污染率为 26%。PM$_{2.5}$ 浓度数据来自全国城市空气质量实时发布平台。

（2）结果分析

本书以安徽省典型城市蚌埠（皖北）、合肥（皖中）、铜陵（皖南）为研究对象，探究安徽省此次中度—重度污染过程中的 PM$_{2.5}$ 传输成因。

1）蚌埠市分析结果。蚌埠市在此次污染阶段的 11 月 25—29 日基本受来自安徽本地气流输送的影响，外省气团经过或到达安徽的情况较少；11 月 30 日—12 月 2 日蚌埠市气流轨迹除本省外，还有江苏北部和中部地区气团对安徽省产生影响。

2）合肥市分析结果。相较于蚌埠市，其气流输送来源更为集中。11 月 25—30 日气流轨迹来源集中于皖南和皖东地区，说明上述地区对合肥市的 PM$_{2.5}$ 浓度产生一定的影响；12 月 1—2 日合肥市气流轨迹主要来源于江苏南部地区。

3）铜陵市分析结果。11 月 25 日—12 月 1 日铜陵市后向轨迹来源区域基本集中于安徽省境内，对铜陵市空气质量产生影响的主要为本省气团和排放的影响。12 月 2 日铜陵市后向轨迹拉长，气团输送来源主要表现为福建省和华南地区。

4.2.2.2　O$_3$ 传输成因

（1）数据来源

安徽省典型城市（宿州市、合肥市和铜陵市）2017—2019 年 O$_3$ 浓度数据来自全国城市空气质量实时发布平台。

（2）结果分析

本书以安徽省典型城市宿州（皖北）、合肥（皖中）、铜陵（皖南）为研究对象，探究安徽省此次中重度污染过程中的 O$_3$ 传输成因。

1）宿州市分析结果。以宿州市为代表的皖北区域 2017—2020 年污染气团主要来自安徽省内部地区，O$_3$ 主要由本地源贡献，2020 年污染气团主要来自偏北方向，潜在源分布显示安徽西部地区（安庆、六安等城市）对皖北地区的贡献比例最大，2017 年能达到 45% 以上，其次江苏与安徽中部交界处对皖北地区也有较大输送；2018 年皖北地区 O$_3$ 潜在源区与 2017 年近似，但源区贡献占比有所上升，安徽西部地区以及江苏与安徽中部交界处对于皖北地区的贡献达 55%以上；2019 年对皖北地区 O_3 贡献较大的潜在源区为安徽中北部以及江苏与安徽中部交界处，贡献占比达 50%。2017—2020 年安徽本地潜在源区对皖北的贡献从大到小依次为 2020 年＞2018 年＞2019 年＞2017 年。

此外，周边省份对安徽省 O_3 污染也有一定的贡献，其中贡献最大的来自江苏省，2017—2020 年江苏对安徽的贡献比例从大到小依次为 2020 年＞2018 年＞2019 年＞2017 年。结合 2017—2020 年安徽及周边省份 O_3 浓度分布情况，O_3 浓度较高的区域位于东部和北部省份（江苏、山东），高 O_3 浓度省份气流的输入会对皖北地区 O_3 浓度造成一定影响。尤其是江苏省 4 年期间 O_3 浓度均超过 160 μg/m³，在向西气流的作用下对皖北地区 O_3 浓度升高有一定影响。

2）合肥市分析结果。以合肥市为代表的皖中区域 2017—2020 年污染气团主要来自安徽省内部地区，O_3 主要由本地源贡献，2020 年长污染轨迹来自西北地区。潜在源分布显示安徽中南部地区（六安、芜湖等地）对皖中地区的贡献比例最大，2017 年能达到 40% 以上。2018 年皖中地区 O_3 潜在源区为安徽中南部和江浙皖交界处，对于皖中地区的贡献达 50% 以上；2019 年对皖中地区 O_3 贡献较大的潜在源区为安徽中南部交界处，贡献占比达 45%。2017—2020 年安徽本地潜在源区对皖中的贡献从大到小依次为 2020 年＞2018 年＞2019 年＞2017 年。结合 2017—2020 年安徽及周边省份 O_3 浓度分布情况，O_3 浓度较高的区域位于东部和北部省份（江苏、山东），高 O_3 浓度省份气流的输入会对皖中地区 O_3 浓度造成一定影响。尤其是江苏省 4 年期间 O_3 浓度均超过 160 μg/m³，在向西的气流的作用下对皖中地区 O_3 浓度升高有一定影响。

3）铜陵市分析结果。以铜陵市为代表的皖南区域 2017—2020 年污染气团主要来自江浙皖交界处，潜在源分布显示江浙皖交界处对皖南区域的贡献比例最大，2020 年长污染轨迹来自西北地区。2017 年能达到 25% 以上；2018 皖南地区 O_3 潜在源区为江浙皖交界处，对于皖南地区的贡献达 30% 以上；2019 年对皖南地区 O_3 贡献较大的潜在源区为江浙皖交界处，贡献占比达 35%。安徽本地潜在源区对皖南的贡献从大到小依次为 2020 年＞2019 年＞2018 年＞2017 年。结合 2017—2020 年安徽及周边省份 O_3 浓度分布情况，O_3 浓度较高的区域位于东部和北部省份（江苏、山东），高 O_3 浓度省份气流的输入会对皖南地区 O_3 浓度造成一定影响。尤其是江苏省 4 年期间 O_3 浓度均超过 160 μg/m³，在向西的气流的作用下对皖南地区 O_3 浓度升高有一定影响。

4.3 "十四五"大气污染防治压力分析

4.3.1 产业结构偏工导致第二产业增长趋势明显

由图 4-12 可以看出，安徽省 2016—2020 年第一产业（农、林、牧、渔业）生产总值

（按不变价计）占比由 3.1%增长到 5.0%，第二产业（采矿业，制造业，电力、燃气及水的生产和供应业、建筑业）由 40.6%增长到 57.2%，第三产业（除第一产业、第二产业外的产业）由 56.3%下降到 37.8%。产业结构明显偏重，且第二产业呈逐年上升趋势。

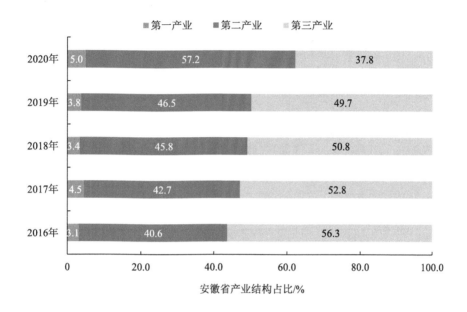

图 4-12 安徽省产业结构分析

4.3.2 能源结构偏煤导致煤炭消费比例高

4.3.2.1 能源结构分析

（1）能源消费总量分析

"十三五"期间，安徽省能源消费总量呈逐年上升趋势，而煤炭消费占能源消费总量比例呈逐年下降趋势。2020 年，安徽省煤炭消费占能源消费的比重达 69.8%，较 2016 年下降了 4.3 个百分点，但仍明显高于全国平均水平（56%）和江苏（54.39%）、浙江（40.1%）、上海（26.82%）等周边省份，位居全国第 29、长三角地区末位，能源消费结构优化进展较慢（图 4-13）。

（2）万元 GDP 能源消费量分析

2020 年，安徽省万元 GDP 能源消费量为 0.386 t 标煤/万元，高于长三角地区平均值（0.340 t 标煤/万元），高于浙江省（0.381 t 标煤/万元）、江苏省（0.318 t 标煤/万元）和上海市（0.285 t 标煤/万元）（图 4-14）。

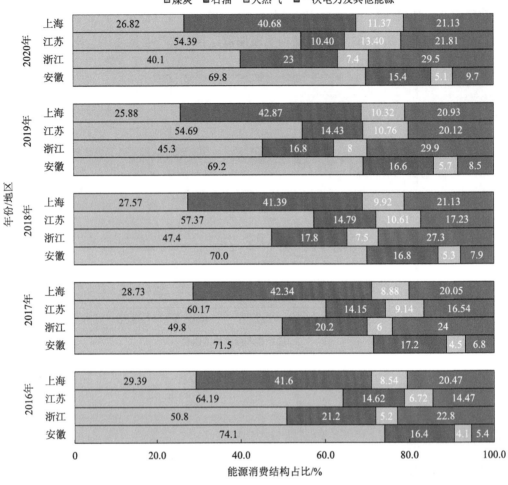

图 4-13　2016—2020 年长三角区域能源消费结构对比

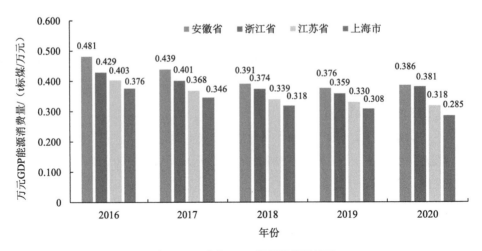

图 4-14　万元 GDP 能源消费量对比

4.3.2.2　安徽省煤炭消费量分析

（1）煤炭消费量分析

"十三五"期间，安徽省煤炭消费量呈缓慢上升趋势，年煤炭消费量在长三角地区排名第 2，高于浙江省和上海市，低于江苏省。2020 年，安徽省煤炭消费量 1.689 亿 t，低于江苏省（2.414 亿 t），高于浙江省（1.313 亿 t）和上海市（0.417 亿 t）（图 4-15）。

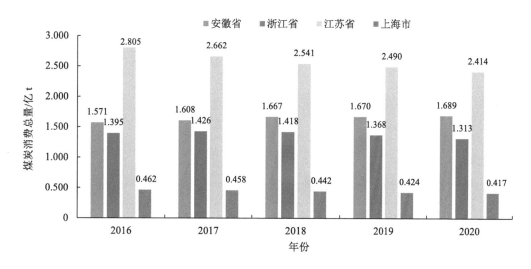

图 4-15　长三角区域煤炭消费量对比

（2）万元 GDP 煤炭消费量分析

"十三五"期间，长三角地区及安徽省万元 GDP 煤炭消费量（万元 GDP 煤耗）均呈下降趋势。2020 年，安徽省万元 GDP 煤耗为 0.444 t/万元，高于长三角地区平均水平（0.239 t/万元），高于江苏省（0.235 t/万元）、浙江省（0.203 t/万元）和上海市（0.107 t/万元）（图 4-16）。

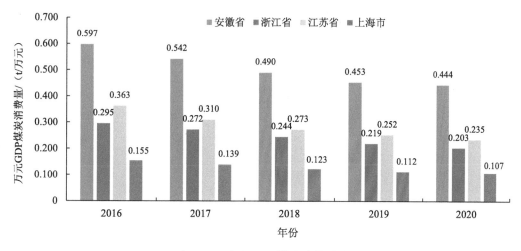

图 4-16　万元 GDP 煤炭消费量对比

（3）单位国土面积煤炭消费量分析

"十三五"期间，安徽省单位国土面积煤炭消费量呈逐年上升趋势，低于长三角地区平均水平。2020 年，安徽省单位国土面积煤炭消费量为 1 205 t/km²，低于长三角地区平均水平（1 624 t/km²）以及浙江省（1 244 t/km²）、江苏省（2 252 t/km²）和上海市（6 617 t/km²）（图 4-17）。

图 4-17　单位国土面积煤炭消费量对比

2016—2020 年，淮南市、淮北市、铜陵市和马鞍山市四市单位国土面积煤炭消费量较高。2020 年，淮南市、淮北市、铜陵市和马鞍山市四市单位国土面积煤炭消费量分别为 7 050.29 t/km²、6 906.47 t/km²、5 342.96 t/km² 和 5 129.46 t/km²（图 4-18）。

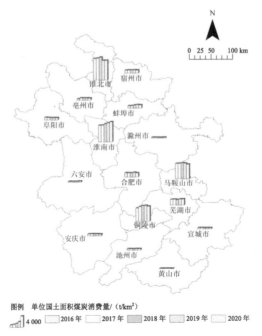

图 4-18　安徽省各市单位国土面积煤炭消费量对比

4.3.2.3 各市煤炭消费量分析

（1）煤炭消费量分析

2016—2020 年，淮南市、马鞍山市、淮北市、铜陵市、合肥市和芜湖市六市煤炭消费量较高，约占全省的 73.06%，其中淮南市煤炭消费量呈显著上升趋势（图 4-19）。2020 年，以上六市煤炭消费量分别约占全省总量的 23.1%、12.3%、11.2%、9.5%、9.5% 和 7.5%（图 4-20）。

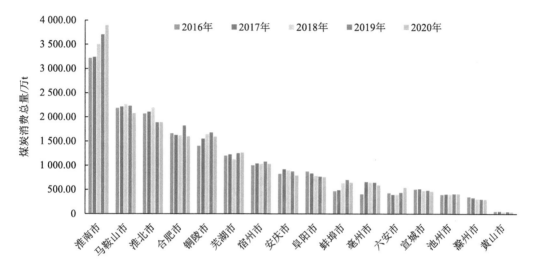

图 4-19 2016—2020 年安徽省各市煤炭消费量对比

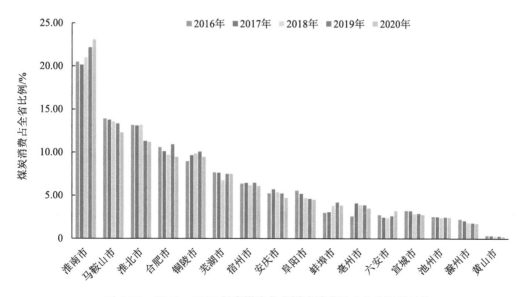

图 4-20 2016—2020 年安徽省各市煤炭消费量占全省比例对比

（2）万元 GDP 煤炭消费量分析

2016—2020 年，淮南市、淮北市、铜陵市和马鞍山市四市万元 GDP 煤炭消费量较高。2020 年，以上四市万元 GDP 煤炭消费量分别为 2.92 t/万元、1.69 t/万元、1.59 t/万元和 0.95 t/万元（图 4-21）。

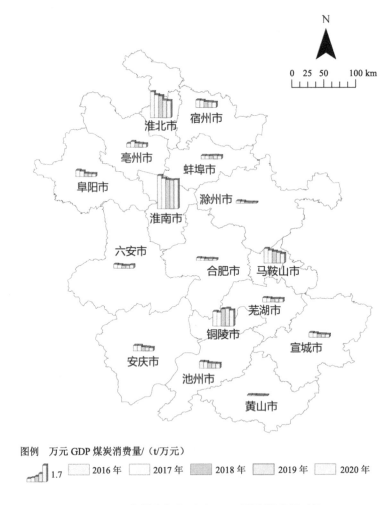

图 4-21　安徽省各市万元 GDP 煤炭消费量对比

4.3.3　运输结构单一导致公路运输占比偏高

由图 4-22 可知，安徽省总体以公路运输为主，水路运输为辅。公路运输占比由 2016 年的 67.08% 下降到 2020 年的 65.06%，水路运输占比由 2016 年的 30.39% 上升到 2020 年的 32.92%，铁路运输占比由 2016 年的 1.95% 上升到 2020 年的 2.02%。2020 年，全省公路、水路、铁路货运量相比 2016 年分别增长 -3.01%、8.33%、-3.59%，水路运输有了明显改善，但"公转铁"并不明显，运输结构有待进一步优化。

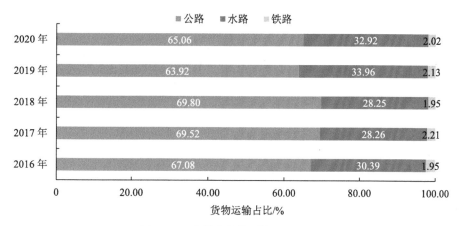

图 4-22　安徽省货物运输占比分析

4.3.4　VOCs 管控不严，优良天数持续改善压力大

"十三五"期间安徽省 NO_x 浓度已得到了一定的控制，NO_2 浓度已由 2017 年的 35 μg/m³ 下降到 2019 年的 29 μg/m³。而同样作为 O_3 前体物的 VOCs 排放量相对较大，约为 65.4 万 t，根据分析发现，安徽省重污染天气由 $PM_{2.5}$ 为首要污染物向 O_3 为首要污染物转变趋势明显，O_3 污染逐步成为影响优良天数的主控因子。

根据合肥市 2019 年 7 月 NO_x 和 VOCs 的监测分析，采用 NCAR-MM 箱体模型绘制 EKMA 曲线图（图 4-23）。图 4-23 中以黑线为界，左上部分为 VOCs 控制区，右下部分为 NO_x 控制区。在 VOCs 控制区，O_3 浓度随前体物 VOCs 下降而有显著下降；在 NO_x 控制区，O_3 浓度随前体物 NO_x 下降会有显著下降。从图 4-23 中可以看出，现阶段合肥市 O_3 污染处于 VOCs 控制区，经模型运算可知，VOCs 的削减将能在更大程度上降低 O_3 浓度。

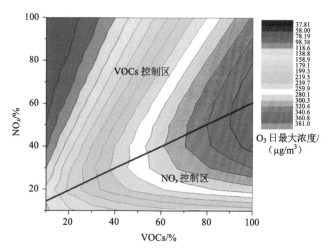

图 4-23　合肥市 O_3 日最大浓度与 VOCs 和 NO_x 的 EKMA 关系曲线

注：横、纵坐标轴分别代表 NO_x 和 VOCs 占现有观测浓度的百分比，100%浓度为观测浓度，色标值为对应的 O_3 日最大浓度。

4.3.5 机动车保有量上升，排放量持续增加

安徽省机动车保有量总体呈上升趋势。从 2015 年的 1 045.85 万辆上升到 2020 年的 1 482.44 万辆，增幅 41.7%。但人均汽车保有量低于全国平均水平，未来安徽省汽车保有量仍有较大上升空间，到 2025 年预计达到 1 537 万辆，机动车 NO_x 和 VOCs 排放量持续增加，这对安徽省 $PM_{2.5}$ 和 O_3 协同控制带来双重考验。

4.3.6 非道路移动源管控偏弱，污染物排放监控较难

安徽省仅有 6.6 万余台非道路移动机械完成编码登记工作，相较于机动车污染治理，非道路移动机械管控相对薄弱；安徽省内河船舶占比高，占长三角地区总数的 31%，港口及通航区域船舶排污管控较弱，将成为重要的大气污染源。

4.3.7 南北地域差异显著，区域传输影响大

安徽省属于南北气候过渡带，区域传输对全省影响较大，邻省对安徽本地污染输送作用较强，空气污染形成机制复杂，南北地域差异显著，污染物浓度南北分布不均。2020 年，北部六市（淮北市、淮南市、阜阳市、亳州市、宿州市和蚌埠市）$PM_{2.5}$ 浓度均值达 46.8 $\mu g/m^3$，而南部芜湖市、宣城市、黄山市和池州市 $PM_{2.5}$ 浓度均值达《环境空气质量标准》（GB 3095—2012）二级标准。

4.4 大气污染物排放预测

结合"十三五"工业源和移动源排放情况及变化趋势，假设生活源占比较小且保持不变（环统数据中生活源随年份波动趋势不明显），则 2025 年 SO_2、NO_x、$PM_{2.5}$、VOCs 排放量分别约为 19.5 万 t、49.6 万 t、51.0 万 t 和 44.6 万 t（表 4-12）。

表 4-12　2025 年目标值及较 2020 年的减排幅度

行政区划	SO₂		NOₓ		PM₂.₅		VOCs	
	目标值/t	2025 年同比 2020 年	目标值/t	2025 年同比 2020 年	目标值/t	2025 年同比 2020 年	目标值/t	2025 年同比 2020 年
合肥市	11 029	−2.05%	49 501	−27.70%	66 217	−18%	73 728	−14.28%
淮北市	8 622	−20.25%	36 745	−0.75%	21 173	−36.5%	44 341	−14.67%
亳州市	7 656	−17.03%	36 588	−3.50%	11 922	0.00%	7 632	−11.71%
宿州市	13 531	−9.22%	37 714	−10.45%	50 167	−27.76%	24 326	−12.83%
蚌埠市	9 056	−10.09%	30 309	−13.65%	8 745	−8.65%	13 225	−12.18%

行政区划	SO₂		NOₓ		PM₂.₅		VOCs	
	目标值/t	2025 年同比 2020 年	目标值/t	2025 年同比 2020 年	目标值/t	2025 年同比 2020 年	目标值/t	2025 年同比 2020 年
阜阳市	20 534	−10.34%	49 578	−8.05%	33 995	−20.65%	22 696	−10.43%
淮南市	16 770	−26.19%	29 947	−15.94%	43 529	−46.5%	12 882	−12.56%
滁州市	10 841	1.07%	43 935	−13.88%	59 678	−6.46%	25 210	−15.65%
六安市	10 861	−8.59%	24 402	−22.51%	23 252	−0.69%	19 745	−15.39%
马鞍山市	15 933	−14.01%	38 340	−28.38%	40 628	−23.79%	18 407	−19.35%
芜湖市	21 074	−3.61%	34 798	−33.58%	35 573	−2.97%	99 738	−19.95%
宣城市	11 997	1.84%	25 595	−17.02%	27 418	2.79%	12 179	−13.15%
铜陵市	10 470	−1.12%	20 891	−41.49%	20 299	−11.84%	10 016	−19.23%
池州市	7 752	−5.52%	14 902	−36.76%	25 201	−3.6%	20 828	−16.35%
安庆市	12 547	−18.52%	17 175	−24.94%	33 620	−15%	29 422	−17.63%
黄山市	6 687	1.67%	5 950	−26.13%	8 221	−0.45%	11 995	−14.61%
安徽省	195 362	−10.16%	496 370	−19.89%	509 638	−19.11%	446 371	−16%

4.5　"十四五"空气环境质量目标指标

根据《安徽省"十四五"大气污染防治规划》，到 2025 年安徽省 PM₂.₅ 浓度为 35.0 μg/m³，优良天数比例为 83.3%，重污染天数比例为 0.2%，具体目标见表 4-13。

表 4-13　"十四五"空气环境质量目标指标

行政区划	PM₂.₅ 浓度/ （μg/m³）	空气质量优良天数 比例/%	重污染天数/d
合肥市	34	85	0
淮北市	39	75	2
亳州市	39	75	2
宿州市	39	75	2
蚌埠市	37	80	1
阜阳市	39	75	2
淮南市	39	75	1
滁州市	35	81	0
六安市	33	87	0

行政区划	PM2.5浓度/（μg/m³）	空气质量优良天数比例/%	重污染天数/d
马鞍山市	34	87	0
芜湖市	34	87	0
宣城市	33	91	0
铜陵市	34	89	0
池州市	33	89	0
安庆市	34	88	0
黄山市	19	98	0

4.6 "十四五"空气质量改善路径分析

按照《中共中央　国务院关于深入打好污染防治攻坚战的意见》《深入打好重污染天气消除、臭氧污染防治和柴油货车污染治理攻坚战行动方案》《中共安徽省委　安徽省人民政府关于印发深入打好污染防治攻坚战行动方案的通知》《安徽省"十四五"大气污染防治规划》等文件要求，提出安徽省"十四五"空气质量改善路径，科学指导大气污染防治工作。

4.6.1 加快产业结构转型升级

"十四五"是产业绿色转型的重要战略机遇期和窗口期。以协同推进经济高质量发展和生态环境高水平保护为重要导向，以产业转型升级、绿色发展为主要目标，以落后产能淘汰压减、重点行业绿色转型、产业集群和园区升级改造、产业布局优化调整以及固定源深度治理等方面为主要任务。

（1）严控"两高"行业盲目发展

严格环境准入，坚决遏制"两高"行业盲目发展。严格执行国家关于"两高"产业准入目录和产能置换政策。严禁新增钢铁、焦化、电解铝、铸造、水泥和平板玻璃等产能，严格执行钢铁、水泥、平板玻璃等行业产能置换实施办法，置换产能新项目大气污染物总量按照最严格的排放标准执行。严格控制涉工业炉窑建设项目，原则上禁止新建燃料类煤气发生炉（园区现有企业统一建设的清洁煤制气中心除外）。严格限制高VOCs排放化工类建设项目，禁止建设生产VOCs含量限值不符合国家标准的涂料、油墨、胶黏剂、清洗剂等项目。

（2）重点行业绿色转型

把推动"减污降碳"协同增效、促进经济社会发展全面绿色转型摆在更加重要的位置，在推动结构性节能、遏制"两高"行业的扩张、助推非化石能源的发展等方面同频共振。以化工、建材、轻工、印染、酿造等传统制造业为典型，全面实施能效提升、清洁生产、强化治污、循环利用等工艺技术改造，实施传统产业绿色升级改造。

（3）产业布局优化调整

皖北地区以建材、煤炭、砖瓦等行业为重点，合肥、芜湖、滁州、铜陵、池州等市以水泥行业为重点，优化产业布局。加强汽车及零部件、新能源汽车、基础装备及关键基础件、农业装备、物流设备及工程机械、节能环保装备、航空修理及配套设备、造船及船舶配套设备等产业集群建设，引导园区合理分工、突出优势、错位发展。

（4）强化末端治理

制定一批大气污染物地方排放标准，全面推进工业企业污染物稳定达标排放，推进按照重污染天气 B 级以上绩效提标改造。加快推进钢铁、玻璃、陶瓷、铸造、有色等行业深度治理。2025 年年底钢铁、玻璃、焦化行业完成超低排放改造。针对焦化、水泥、砖瓦、石灰、耐火材料、有色金属冶炼等行业，严格控制物料储存、输送及生产工艺过程无组织排放。

强化挥发性有机物污染防治精细化管理，针对石化、化工、包装印刷、工业涂装等重点行业建立完善源头削减、过程控制和末端治理的 VOCs 全过程控制体系，实施 VOCs 排放总量控制。鼓励有机溶剂、涂料、油墨等行业生产低挥发性的有机涂料，逐步实现原辅材料替代升级，从源头把控，减少原料中 VOCs 含量；推进工业园区、企业集群因地制宜推广建设涉 VOCs "绿岛"项目，推动涂装类统筹规划建设集中涂装中心，活性炭使用量大的统筹建设活性炭集中处理中心，有机溶剂使用量大的建设溶剂回收中心。

4.6.2　推动能源结构优化

基于大气污染防治需求，结合国家应对气候变化与推进"能源革命"的目标，把落实"实现减污降碳协同增效"作为总要求，实施煤炭总量控制、推进煤炭清洁高效利用、推进清洁能源替代、提升节能降耗水平、散煤清洁化治理等措施。

（1）煤炭总量控制

以大气环境质量改善和 CO_2 控制为重要导向，推进煤炭消费尽快达峰，推动煤炭消费结构进一步优化。新建、改建、扩建项目严格实施煤炭减量替代。煤炭消费总量完成国家下达的目标，对未能完成年度煤炭消费总量控制目标的市，实施区域能评限批。推进火电、钢铁、焦化、化工、建材等"高耗能、高排放"行业煤炭消费量提前达峰。

（2）推进煤炭清洁高效利用

积极推进工业、交通运输、建筑、农业以及居民生活等领域实施"以电代煤"。禁燃区内禁止使用散煤等高污染燃料，实现散煤销售网点、餐饮烧烤、流动摊位等使用散煤及生活散煤清零。禁止企业单独新建燃煤锅炉（含燃煤导热油炉等）、燃料类煤气发生炉，持续推进园区清洁能源中心建设，集中供热供气。2025 年前淘汰单建燃料类煤气发生炉，燃煤工业炉窑基本完成清洁化燃料替代，暂不具备条件的需实施节能和超低排放改造。

（3）推进清洁能源替代

提升供应侧非化石能源比重、提高消费侧电力比重、增加天然气供应量、优化天然气使用，实现"增气减煤"；到 2025 年，基本完成以煤为燃料的工业炉窑清洁燃料替代改造；优化"皖电东送"输电通道建设，提高清洁能源供电比例；因地制宜积极开发风电与光伏发电，鼓励建设风能、太阳能、生物质能等新能源项目；推动宁国、岳西、石台、霍山等 4 个纳入国家选点的抽水蓄能电站建设；进一步提高煤炭洗选水平，电煤在煤炭消费中的占比提高至 70%；到 2025 年，天然气年产量达到 8 亿 m³，太阳能集热系统累计安装面积达 1 000 万 m²，公共建筑和居民小区建筑地热能集中采暖制冷面力争达到 4 000 万 m²；在六安、铜陵、合肥等地推进氢能装备和应用示范工程；发挥生物燃料乙醇产业优势，建设阜阳国祯、中粮生化宿州纤维素乙醇等一批生物燃料乙醇项目。

（4）提升节能降耗水平

严格节能审查制度，开展煤电节能行动，全面推进节能管理，进一步提高工业能源利用效率和清洁化水平。强化重点耗能行业用能管理，发展节能诊断，能源合同管理等第三方市场。深入推进工业、建筑、交通运输、商业和民用、农村、公共机构六大重点领域节能。对年综合能耗在 1 000 t 标煤以上的重点用能单位加强节能监管，推进电力需求侧管理。

（5）散煤清洁化治理

实施乡村清洁能源建设工程，加大农村电网建设力度，推进燃气下乡，推动农村散煤清洁替代；皖北地区持续推进清洁取暖，加强热力管网改造、农村电网、天然气产供储销；扩大城市高污染燃料禁燃区范围，逐步由城市建成区扩展到近郊；加大洗选煤和配煤技术推广力度，逐步削减分散用煤和劣质煤的使用比例；大力推广优质型煤和新型炉具，提高燃烧效率。

4.6.3　构建绿色交通运输体系

以打造高效互联的绿色交通体系为目标，加强货物运输绿色转型、车船结构升级、非道路移动源升级改造、车油联合管控、加快发展新能源车辆。

（1）货物运输绿色转型

推进中长距离大宗货物、集装箱运输"公转铁"，大力发展集装箱多式联运，加快推动运输结构绿色转型。到 2025 年，全省铁路货运比例较 2020 年增长 10%；大宗货物年货运量 100 万 t 以上的大型工矿企业和物流园区，50%以上实现铁路专用线接入或清洁运输方式。积极推进水运系统升级，推动干线航道网络建设，推进长江、淮河干流整治，加快建设深水航道，推动"集装箱直达运输"，促进"公转水"。建设城市绿色物流配送体系，依托现有或规划物流货场转型升级为城市绿色配送中心，引导城市货运配送企业发展绿色配送方式。

（2）车船结构升级

全面实施国六排放标准和相应油品标准。制定老旧车淘汰更新目标及实施方案，采取经济补偿、限制使用、严格超标排放监管等方式，2022 年年底前完成国三及以下排放标准营运重型柴油货车淘汰工作，鼓励提前淘汰国四排放标准营运重型柴油货车。到 2025 年年底，淘汰采用稀薄燃烧技术和"油改气"的老旧燃气车辆。限制高排放船舶使用，鼓励老旧船舶淘汰，从源头推进交通体系清洁化。

（3）非道路移动源升级改造

实施非道路移动机械第四阶段排放标准，加强对新生产销售发动机和非道路移动机械的监督检查，重点查验污染控制装置、环保信息标签等，并抽测部分机械机型排放情况。鼓励优先使用新能源或清洁能源非道路移动机械，全省港口、机场、铁路货场、物流园新增和更换的岸吊、场吊、吊车等作业机械，主要采用新能源或清洁能源机械。鼓励适合的老旧工程机械实施污染物排放治理改造，按规定通过农机购置补贴推动老旧农业机械淘汰报废，采取限制使用等措施，促进老旧燃油工程机械淘汰。完成全省非道路移动机械编码登记并建立台账，加强高排放非道路移动机械禁止使用区域管控，严格查处使用不达标机械和使用不合格燃油的违法行为，消除冒黑烟现象。

（4）车油联合管控

开展联合执法专项行动，严厉打击黑加油站、流动加油车。加大路检路查力度，建设高排放车辆动态监管平台，推进重型柴油货车安装实时定位与在线排放监控装置。完善汽车排放检测与维护制度（I/M 制度），严格落实地方汽车尾气排放检测与维护行业标准及法律法规。规范油气回收设施运行，加强加油枪气液比、系统密闭性及管线液阻等检查，确保油气回收系统正常运行；加快推进年销售汽油量大于 5 000 t 的加油站安装油气回收自动监控设备，并与生态环境部门联网。

（5）加快发展新能源车辆

加强新能源车辆和清洁能源船舶推广力度，大力促进公共服务领域新能源车辆推广应用，公交、环卫、出租、邮政、通勤、轻型物流配送等车辆中，新能源汽车新增比例不低于 80%，使用比例不低于 50%；港口、机场、铁路货场等新增车辆全部为新能源汽车。促进新能源汽车在私人用车领域推广应用，鼓励居民购买使用新能源汽车。到 2025 年，新能源汽车新车销量占比达 20%。对现有居民区停车位进行电气化改造，新建住宅配建停车位应 100%建设充电基础设施或预留敷设条件。

4.6.4　落实用地结构调整

（1）实施扬尘精细化管控

推进扬尘管控精细化、规范化、长效化，加强巡查严格执法，实施网格化管理，实施降尘考核。提高装配式建筑占新建建筑比例，提高市政道路清扫机械化和精细化水平，推进常态化道路机械化清扫和洒水工作。到2025年，城市建成区道路机械化清扫率达到95%以上。物流堆场全面实施顶部覆盖，大宗干散货码头粉尘防治综合改造达到100%，易扬尘码头及堆场地面硬化率达到100%。

（2）提高农业秸秆综合利用水平

全时段开展秸秆禁烧卫星巡查，在各地乡村的禁烧区、农业用地区域及秸秆可能覆盖区域安装监测监控设备，促进禁烧监管工作向常态化、智能化、高效化、规范化发展，积极引导生物质燃油、乙醇、秸秆发电、秸秆多糖、秸秆淀粉、造纸、板材等产业发展，提高秸秆工业化利用水平。发展秸秆综合利用产业体系，建设一批示范工程，扶持一批重点企业，形成秸秆综合利用产业链。到2025年，全省秸秆综合利用率达到95%以上，形成布局合理、多元利用、变废为宝、可持续发展的秸秆综合利用格局。

（3）加强NH_3排放控制

提高畜禽粪污利用效率，推广化肥减量增效、推进种养有机结合，加强机动车和工业企业NH_3排放监管。尝试性开展大气NH_3排放摸底调查工作，探索大气NH_3源排放清单，掌握大气环境中NH_3的浓度水平、季节变化和区域分布特征。加快实施可养区内规模化畜禽养殖场标准化改造，进一步提高标准化、规模化养殖水平。到2025年，规模化畜禽养殖场粪污资源化利用率达95%以上。全力实施化肥农药减量行动，推广配方肥、专用肥、缓控释肥等新型肥料，逐步提高肥料利用率，到2025年，主要农作物肥料利用率达50%以上。

4.6.5 构建减污降碳协同增效体系

根据《安徽省减污降碳协同增效工作方案》，到2025年，安徽省重点区域、重点领域能源结构优化、产业结构调整、绿色低碳发展取得明显成效，全省单位生产总值能耗比2020年下降14%，COD、NO_x、VOCs重点工程减排量分别累计达13.67万t、0.69万t、8.3万t、3.07万t。主要从加大源头防控力度、持续优化环境治理、积极探索模式创新、强化支撑要素保障等四个方面促进减污降碳协同增效。

4.6.6 治理体系和治理能力现代化建设

（1）健全污染过程预警应急响应机制

深化绩效分级管控，完善应急清单和预案，提高应急措施的实施和监管能力。充分运用大气污染物源排放清单、$PM_{2.5}$来源解析、O_3污染成因分析工作成果，筛选确定应急减排重点，分类明确应急减排对象，细化应急减排措施，修订重污染天气应急减排清单。建立健全环境空气质量监测数据异常应急响应工作机制。

（2）完善区域协作机制

2018 年，长三角一体化发展上升为国家战略。2020 年 8 月 20 日，习近平总书记在合肥主持召开扎实推进长三角一体化发展座谈会时强调，长三角一体化发展要在生态保护和建设上带好头。2020 年，生态环境部会同国家发展改革委、中国科学院编制的《长江三角洲区域生态环境共同保护规划》提出了长三角区域生态环境共同保护的全新目标定位，统一了思想，凝聚了共识，为全面推进长三角区域生态环境共保联治指明了方向。2023 年，国务院关于印发《空气质量持续改善行动计划》的通知（国发〔2023〕24 号），明确提出完善区域大气污染防治协作机制，鼓励省际交界地区市县积极开展联防联控，推动联合交叉执法。对省界两侧 20 km 内的涉气重点行业新建项目，以及对下风向空气质量影响大的新建高架源项目，有关省份要开展环评一致性会商。

严格落实长三角地区大气污染防治实施方案、年度计划，共同推进机动车船污染防治，加快环境科技联合攻关，加强环境协同监管和重污染天气联合应对，深化各省之间的区域协作。研究制定长三角地区大气污染联防联控应对策略，加强各省市之间预警会商交流，针对污染过程开展跨省减排贡献和区域污染传输方面的研究。

（3）提升大气环境监测能力

优化提升区域环境质量监测站点功能，发挥区域空气质量监测超级站作用，加强大气 $PM_{2.5}$ 和 VOCs 监测，推进重点工业园区和产业集群区域的 $PM_{2.5}$ 和 VOCs 监测体系建设，重点区域建设空气质量监测微观站。推广涉恶臭污染的工业园区监测，可结合未来气象要素，对恶臭来源企业周边小区的影响展开预测预警，提升公众满意度；优化环境监测网络、充实监测技术手段、提高仪器监测性能、完善数据质量，提升环境治理能力现代化。

（4）开展大气污染防治深层次研究

建立固定源、移动源、面源精细化排放清单动态更新管理制度；加强 $PM_{2.5}$ 与 O_3 协同控制研究，加快推进光化学监测网建设，开展 VOCs 例行监测，加强工业园区、重点污染源 VOCs 排放监督性监测。构建全省重点地区 O_3 污染类型（VOCs 控制型/NO_x 控制型）区域划分；推进 $PM_{2.5}$ 和 O_3 污染协同治理；强化 NO_x 和 VOCs 排放重点行业、领域治理。

4.7　配套政策和保障措施

4.7.1　加强组织领导

加强省（市、县）各级组织领导工作，把大气污染综合治理行动放在重要位置，地方各级党委和政府全面落实"党政同责""一岗双责"，对本行政区域大气污染防治工作及环境空气质量负总责，主要领导为第一责任人，各有关部门要按照职责分工，指导各地落实任务要求，完善政策措施，加大支持力度。

4.7.2 加大政策支持

进一步强化中央大气污染防治专项资金安排与地方环境空气质量改善联动机制，充分调动地方政府治理大气污染积极性。地方各级政府要加大本级大气污染防治资金支持力度，重点用于工业污染源深度治理、运输结构调整、柴油货车污染治理、大气污染防治能力建设等领域，研究制定老旧柴油车淘汰补贴政策。各市级生态环境部门配合财政部门，针对本地大气污染防治重点，做好大气专项资金使用工作。

合理配置公共资源，引导调控社会资源，拓宽投融资渠道，综合运用土地、规划、金融、价格多种政策引导社会资本投入。积极推行政府和社会资本合作，吸引社会资本参与准公益和公益性环境保护项目。充分发挥市场力量，鼓励社会资本设立环境保护基金增加生态环保投入。

4.7.3 强化环境执法

全省各市围绕"十四五"大气污染综合治理重点任务，加强执法，推动企业落实生态环境保护主体责任，由"要我守法"向"我要守法"转变。提高环境执法针对性、精准性，分析查找大气污染防治薄弱环节，组织开展专项执法行动。强化 VOCs 和 $PM_{2.5}$ 无组织排放监管，加强移动源领域多部门联合执法，加大重污染天气预警期间执法检查力度。

4.7.4 开展监督问责

"十四五"期间，对重点攻坚任务落实不力，或者环境空气质量改善不到位且改善幅度排名靠后的，开展督察问责。省生态环境厅每月通报各地空气质量改善情况，对空气质量改善幅度达不到时序进度或重点任务进展缓慢的地市进行预警提醒；对空气质量改善幅度达不到目标任务或重点任务进展缓慢的地市，约谈政府主要负责人；对未能完成空气质量改善目标任务或重点任务未按期完成的地市，严肃问责相关责任人，实行区域环评限批。发现篡改、伪造监测数据的，考核结果直接认定为不合格，并依法依纪追究责任。

4.7.5 完善科技支撑

"十四五"期间，围绕主要大气污染物成因与控制策略、跨区域、跨学科重点问题开展研究，加快推进污染防治科技创新研发，推动国家和安徽省重点研发计划科研成果在区域的集成示范。积极参与国家重点区域大气重污染成因、重污染积累与天气过程双向反馈机制、重点行业与污染物排放管控技术、居民健康防护等科技攻坚。参与区域性 O_3 形成机理与控制路径研究，深化 VOCs 全过程控制及监管技术研发。进一步优化城市源排放清单编制、源解析等工作，形成污染动态溯源的基础能力。配合国家做好氨排放与控制技术研究。

加强现有大气环境科研队伍建设。加强与国内科研院所和高等院校的合作。提升环境治理精细化、定量化水平，切实保障"科学、精准、高效"治污。努力构建科研院所、高等院校与企业有机结合的产学研联动机制，进一步提高大气污染治理科技创新能力。积极引导政府部门、科研机构、社会团体开展生产工艺及污染治理等关键技术研发和应用示范。

4.7.6　提高宣传教育

充分发挥电视、报纸、网络优势，加大宣传力度，提升社会各界支持和参与大气污染防治工作的自觉性、积极性，通过正面引导、反面曝光，扩大公共参与面。要充分用好环保政务新媒体，充分发挥其在新闻宣传、舆论引导和资源整合方面的重要作用，发挥各类社会团体作用，动员全社会力量参与到大气污染防治工作中，提高公民环保素养。切实发挥共青团、妇联、工会等团体及环保公益组织作用，营造更加浓厚的全民参与大气污染防治工作格局。树立绿色消费理念，积极推进绿色采购，倡导绿色低碳生活方式。强化企业治污主体责任，驻皖中央企业、省属国有企业要起到模范带头作用，引导绿色生产。

积极推进新形势下生态环境保护铁军建设，培养一批专业化、高层次、复合型、实用型的环保人才队伍。努力创新基层环保人才培训模式，探索与第三方机构建立环保联合培训机制。鼓励人才向基层一线流动，不断提升基层环保人才队伍整体素质和工作能力。通过业务培训、比赛竞赛、挂职锻炼、经验交流等多种方式，提高业务本领。

第5章

面向"四化同步"的皖北生态产品价值
实现机制研究

5.1 研究背景

5.1.1 长三角一体化发展的要求

2021年，在习近平总书记考察安徽一周年、长三角一体化发展上升为国家战略三周年之际，安徽省委、省政府统筹部署皖北"四化同步"促进皖北振兴工作，是深入贯彻落实习近平总书记考察安徽重要讲话指示精神和推进长三角一体化发展座谈会重要讲话精神，促进欠发达区域增强高质量发展动能，打造皖北"一极四区"（增强高质量发展新动能的强劲增长极、承接产业转移集聚区、城乡区域协调发展试验区、生态优先绿色发展转型区、乡村全面振兴先行区）的重要举措。

2020年8月，习近平总书记在扎实推进长三角一体化发展座谈会上提出"增强欠发达区域高质量发展动能""夯实长三角地区绿色发展基础"等重要指示要求，明确指出，一体化的一个重要目的是要解决区域发展不平衡问题。有关部门要针对欠发达地区出台实施更精准的举措，推动这些地区跟上长三角一体化高质量发展步伐。长三角地区是长江经济带的龙头，不仅要在经济发展上走在前列，也要在生态保护和建设上带好头。

2023年11月，习近平总书记在深入推进长三角一体化发展座谈会上强调，要在推进共同富裕上先行示范，在建设中华民族现代文明上积极探索，推动长三角一体化发展取得新的重大突破。同时提出，要推进跨区域共建共享，有序推动产业跨区域转移和生产要素合理配置，使长三角真正成为区域发展共同体。由此，只有切实加快欠发达区域发展步伐、解决区域内部发展不平衡不充分问题，切实推进绿色转型发展，实施生态环境高水平保护、持续改善生态环境质量，长三角一体化高质量发展才能真正实现。

5.1.2　皖北"四化同步"发展的要求

习近平总书记指出，西方发达国家是一个"串联式"的发展过程，工业化、城镇化、农业现代化、信息化顺序发展。我们要后来居上，把"失去的二百年"找回来，决定了我国发展必然是一个"并联式"的过程，工业化、信息化、城镇化、农业现代化是叠加发展的。总书记的这一重要论述，深刻揭示了"四化同步"在皖北地区发展中的极度重要性，为皖北地区实施跨越式发展、实现皖北振兴提供了根本遵循。

皖北振兴，关系全局。振兴皖北不仅仅是促进均衡发展、实现共同富裕的战略需要，更是发掘发展潜力、培育区域发展重要极、实现长三角一体化高质量发展的战略需要。有关部门要针对欠发达地区出台实施更精确的举措，推动这些地区跟上长三角一体化高质量发展步伐。2020 年 9 月，国家发展改革委印发《促进皖北承接产业转移集聚区建设的若干政策措施》，支持皖北承接产业转移集聚区建设，为皖北振兴开启"加速度"。2021 年 12 月 8 日，国家发展改革委为贯彻落实《长三角一体化发展规划"十四五"实施方案》《推动长三角一体化发展 2021 年工作安排》有关部署，扎实推进沪苏浙城市结对合作帮扶皖北城市工作，正式印发《沪苏浙城市结对合作帮扶皖北城市实施方案》。结对合作帮扶工作期限为 2021—2030 年，安排上海市三个区、江苏省三个市（南京、苏州、徐州）、浙江省两个市（杭州、宁波），结对帮扶安徽淮北、亳州、宿州、蚌埠、阜阳、淮南、滁州、六安共八个市。皖北地区只要真正抓住难得的新机遇，就可能迎来高质量发展的最佳"窗口期"和跨越发展的历史新拐点。以长三角一体化高质量发展为契机，以推进工业化、信息化、城镇化和农业现代化"四化同步"发展为路径，以承接产业转移集聚区建设为抓手，以激发内生动力、强化外部支持为重点，努力增强皖北地区发展新动能，实现皖北地区发展上的新突破。

安徽省皖北地区资源丰富，经过多年发展，皖北"四化"发展水平实现了较大幅度提高，综合实力大幅增强、产业层次大幅提升、生态环境质量大幅改善。但皖北地区的经济总量、人均 GDP 等经济指标仍相对滞后，面临着科技创新活跃度不高、新旧动能转换任务艰巨、产业结构偏重偏煤、生态环境质量持续改善压力大、民生补短板任务依然较重等问题与"瓶颈"，转型发展迫在眉睫。如何在"四化同步"加速推进、多重优势叠加的机遇窗口期，着眼于长三角一体化发展大局，解决区域发展不平衡不充分问题，探讨研究培育新的经济增长极，实现皖北振兴的实现机制和路径具有重要的现实意义。

5.1.3　皖北生态振兴的形势

皖北地区虽然在行政区划上分为现在的六个市，但是六市同处无山峦阻隔的淮北平原。在实施皖北振兴战略过程中,有必要把皖北作为一个整体来考虑。通过"大皖北"区域板块的构建和"四化同步"发展总体思路的顶层设计,既发挥好各市县单兵作战的主动性和积极性,又逐步增强区域整体竞争力;既用好用足市场的力量,又用足用好政府资源,助推"大皖北"以整体合力参与长三角及更大区域的合作与竞争。

皖北地区的阜阳、宿州、淮北、淮南四市为煤炭资源型城市,滁州市定远、凤阳和明光三县市为非金属矿产区,六安市霍邱县为铁矿资源分布区。长期以来,皖北这些资源型城市为安徽省乃至区域经济社会的发展作出了巨大贡献。然而,这些地区过度地依赖矿产资源的开发和利用,因此形成了资源环境代价较大的粗放型发展模式。由于矿产资源的不可再生性,皖北资源型城市的独特资源禀赋优势逐渐消失,普遍面临着产业结构单一、产能过剩、资源枯竭、经济放缓、生态破坏、环境问题突出等一系列困境。因此,皖北"四化同步"发展并不仅仅是工业化发展,而且是"四化"的融合发展,是在注重生态环境保护与生态文明建设基础上的发展。

当前形势下,我国经济由高速增长要转向高质量发展、增长动能由要素驱动转变为创新驱动。2020 年 9 月 22 日,习近平主席在第七十五届联合国大会一般性辩论上,就中国"二氧化碳排放力争于 2030 年前达到峰值,努力争取 2060 年前实现碳中和"向国际社会作出了庄严承诺。在不久的将来,皖北要避免其资源型城市陷入"矿竭城衰"的困境,有效地疏解碳排放达峰和生态环境质量改善的双重压力,大力优化调整产业结构、促进产业绿色转型升级、协同推进减污降碳,实现皖北生态的全面振兴。同时,皖北地区要实现生态振兴,必须立足于自身特色禀赋,充分发挥当地种植养殖废弃物量大、化工原料丰富、高质量耕地分布广泛、文化积淀深厚等优势,积极探索出一条彰显皖北特色的"资源—资产—资本—资金"的转化通道。

5.1.4 生态产品价值实现有利于皖北生态振兴

党中央高度重视生态产品价值实现机制。党的十八大报告首次明确"增强生态产品生产能力";党的十九大报告再次提出"提供更多优质生态产品以满足人民日益增长的优美生态环境需要";党的二十大报告进一步明确"建立生态产品价值实现机制,完善生态保护补偿制度"。在 2018 年召开的深入推动长江经济带发展座谈会上,习近平总书记强调,要积极探索推广绿水青山转化为金山银山的路径,选择具备条件的地区开展生态产品价值实现机制试点,探索政府主导、企业和社会各界参与、市场化运作、可持续的生态产品价值实现路径。2021 年 4 月,中共中央办公厅、国务院办公厅印发了《关于建立健全生态产品价值实现机制的意见》,首次将"生态产品价值实现"进行了系统化、制度化表述,强调了生态产品价值实现对落实新发展理念、破解发展难题的重要性。在面向"四化同步"加速推进的机遇期,生态产品价值实现对推动皖北地区经济社会发展全面绿色转型、实现皖北生态振兴具有重要意义。

　　第一，生态产品的价值实现有助于皖北培育经济高质量发展的新动力。绿色应该成为高质量发展的鲜明底色，生态产品价值实现不仅能够体现皖北资源环境的有偿使用，解决环境损害赔偿和丧失地区发展机遇的补偿问题，也能为皖北可持续发展提供新的增长极。第二，生态产品的价值实现有助于塑造皖北城乡区域协调发展的新格局。作为实施乡村振兴战略的有力抓手，生态产品价值实现有助于解决皖北长期以来优质资源定价不足的问题，还能满足城乡居民差异化的美好生活追求。第三，生态产品的价值实现有助于引领保护修复生态环境的新风尚。通过建立生态产品价值实现机制，可确保修复生态环境获得合理回报，让破坏生态环境付出相应代价。第四，生态产品的价值实现有助于发挥市场经济手段在生态环境保护中的新作用。将生态产品转化为经济产品，在市场中进行流通、交易与消费，利用市场机制充分配置生态资源，以发展经济的方式解决生态环境的外部不经济性问题，充分调动起社会各方面的积极性。

5.2　皖北地区概况

5.2.1　基本情况

　　皖北是安徽省北部的简称，包括淮北、亳州、宿州、蚌埠、阜阳、淮南六市以及滁州市定远、凤阳、明光和六安市霍邱四县（市），共 40 个县（市、区），土地总面积 5.3 万 km²，常住人口 2 956 万，分别占全省的 37.8% 和 48.4%，是安徽省"一圈五区"发展的重要板块和高质量发展的重要组成部分（图 5-1）。

图 5-1　皖北地区范围

5.2.1.1 区位交通重要

皖北毗邻苏北、鲁南和豫东南，具有承东启西、连南接北的区位条件，京沪、京九、京广、陇海等国家骨干铁路和京台、济广、连霍、宁洛等高速公路在此交汇，特别是随着商合杭高速铁路、郑阜高速铁路开通运营，皖北全域迈入高铁时代，成为连接长三角、粤港澳、京津冀的重要枢纽。

5.2.1.2 资源丰富多样

皖北土地广袤、特产富饶，是我国重要粮仓和煤炭基地。耕地面积和粮食产量分别占全省的 56.3% 和 66%，畜牧、中药材、蔬果等农副产品丰富，加工升值前景广阔。可利用矿种 41 个，煤炭储量占全省 98%，霍邱铁矿资源华东第一，淮北、淮南矿区是全国首批亿吨级煤炭矿区。楚汉文化、老庄文化、淮河文化荟萃，历史沉淀十分深厚，以文促商、文旅融合，极具深度挖掘潜力和综合开发价值。

5.2.1.3 人力资源充沛

皖北人口众多，全省 10 个人口大县有 9 个在皖北。外出务工起步早、数量多，常年外出人员 800 多万，培育了大批技术管理人才和熟练产业工人。适龄人口比重超过 60%，其中 0～14 岁人口占比为 22.8%，占全省青少年的 53.8%，中长期劳动力资源储备充足。

5.2.1.4 市场潜力巨大

皖北人口密集、商贸繁荣，周边拥有 1 亿人左右消费市场，腹地广阔，潜力巨大。"十三五"时期，社会消费品零售总额年均增长 11%，比全国、全省分别高 1.9 个百分点和 0.5 个百分点。

5.2.2 "十三五"经济社会发展情况

在全省振兴皖北战略的支撑和指引下，"十三五"时期皖北地区整体实力加快提升，产业结构有效调整，城乡面貌快速改变，居民生活水平明显改善，高质量发展取得积极进展。

5.2.2.1 经济运行稳中有升

皖北六市生产总值由 2015 年的 6 230 亿元增加到 2020 年的 11 195 亿元，年均增长率为 7%，增速与"十二五"时期相比，从低于全省 0.6 个百分点缩小至 0.3 个百分点，六市均迈上千亿台阶。其中，固定资产投资、财政投入、社会消费品零售总额的年均增长率分别为 11.2%、8.7%、11.0%，分别高于全省平均 1.5 个百分点、1.5 个百分点和 0.5 个百分点。

5.2.2.2 发展活力不断增强

三次产业结构比例由 2015 年的 15.3：41.7：43.1 调整为 12.8：37.7：49.5；战略性新兴产业快速发展，产值年均增长率为 21%，高于全省 3.7 个百分点。先后培育 7 个省级重大新兴产业基地，皖北六市均有 1 个（淮北 2 个）。现代中药、现代医药、新材料、云计算、大数据等新兴产业发展势头良好。

5.2.2.3　产业载体日益壮大

现有 44 家省级以上开发区、73 家省级服务业集聚区、17 家县域特色产业集群（基地）、10 家合作共建园区。近 5 年累计到位省外资金 1.62 万亿元，来源于长三角的比重达到46.1%，70 家国内 500 强企业落户皖北。

5.2.2.4　城乡面貌显著改善

皖北六市城镇化率从 2015 年的 42.2%提高到 2020 年的 47.8%，中心城市建成区面积不断扩大，美丽乡村建设深入推进，人居环境逐步改善。

5.2.2.5　民生福祉持续增强

2016 年以来，城镇常住居民、农村常住居民人均可支配收入年均增长率分别为 7.8%、9.4%。21 个贫困县全部摘帽，1 622 个贫困村全部出列，282 万贫困人口全部脱贫。

皖北地区"十三五"时期主要经济指标及其与全省对比情况见表 5-1，皖北地区 2020 年主要经济指标见表 5-2。

表 5-1　皖北地区"十三五"时期主要经济指标及其与全省对比情况

指标		2016 年	2017 年	2018 年	2019 年	2020 年	皖北年均增速/%	全省年均增速/%
生产总值	总量/亿元	7 797.6	8 772.3	9 829.6	10 756.5	11 195.2		
	增速/%	8.3	8.6	7.9	6.9	3.6	7.0	7.3
	占全省比例/%	29.6	29.6	28.9	29.2	28.9		
财政收入	总量/亿元	1 008.6	1 148.8	1 298.2	1 402.0	1 393.1		
	增速/%	9.8	13.9	13.0	8.0	−0.6	8.7	7.2
	占全省比例/%	23.1	23.6	24.2	24.6	26.0		
规模以上工业增加值	增速/%	8.0	9.8	7.7	5.1	4.5	7.0	8.1
战略性新兴产业	增速/%	22.9	25.9	17.5	20.2	18.5	21.0	17.3
社会消费品零售总额	总量/亿元	4 297.8	4 878.1	5 576.1	6 207.9	6 348.5		
	增速/%	13.8	13.5	14.3	11.3	2.3	11.0	9.7
	占全省比例/%	33.9	34.0	34.5	34.8	34.6		
固定资产投资	增速/%	13.8	15.4	14.4	10.2	2.8	11.2	9.7
进出口总额	总量/亿美元	47.6	50.3	56.3	65.2	77.2		
	增速/%	−20.8	5.7	11.9	15.8	18.4	5.1	10.2
	占全省比例/%	10.7	9.4	8.9	9.5	9.9		

指标		2016 年	2017 年	2018 年	2019 年	2020 年	皖北年均增速/%	全省年均增速/%
实际利用外商直接投资	总量/亿美元	40.3	43.0	41.7	44.0	38.9		
	增速/%	8.2	6.7	−3.0	5.5	−11.6	0.9	6.1
	占全省比例/%	27.3	27.1	24.5	24.5	21.2		
亿元以上在建省外投资项目实际到位资金	总量/亿元	2 908.4	3 383.3	3 909.8	3 907.3	4 407.1		
	增速/%	15.1	16.3	15.6	−0.1	12.8	11.8	9.5
	占全省比例/%	29.4	30.9	32.7	31.2	31.2		

表 5-2　皖北地区 2020 年主要经济指标

指标	淮北市 绝对值	位次	亳州市 绝对值	位次	宿州市 绝对值	位次	蚌埠市 绝对值	位次	阜阳市 绝对值	位次	淮南市 绝对值	位次	定远县	凤阳县	明光市	霍邱县
国内生产总值 总量/亿元	1 119.1	13	1 806	9	2 045	8	2 082.7	7	2 805.2	4	1 337.2	12	326.5	414.4	246.7	227.6
国内生产总值 增速/%	3.3	12	4.1	4	3.9	8	3	15	3.8	10	3.3	12	3.1	3.3	3.1	3.4
规模以上工业增加值 增速/%	3.5	15	5.9	8	5.3	9	3.7	14	4.1	13	5.2	10	1.9	4.2	2.8	15.5
战略性新兴产业 增速/%	30.7	1	21.4	5	14.6	12	18.3	8	12.6	14	30.4	2	16.9	29.2	25.2	36.1
社会消费品零售总额 总量/亿元	460.8	14	991.7	8	1 082.6	7	1 202.5	4	1 836.6	2	774.3	11	147.1	183.6	134.7	127.1
社会消费品零售总额 增速/%	1.3	15	2.6	9	3.3		0	16	3.5		1.7	13	4.2	4.1	3.6	1.3
财政收入 总量/亿元	139.3	14	217.9	10	208.5	11	318.3	6	346.3	4	162.8	13	28.2	37.0	24.5	19.9
财政收入 增速/%	−0.8	14	1.7	8	3.6		0.4	11	−1.7	15	−7.9	16	8.2	8.2	14.8	3.5
固定资产投资 增速/%	9.0	2	−3.3	15	5.9	9	−3	16	7.5		3.9	13	0.1	13.8	7.2	17.4
城镇常住居民人均可支配收入 总量/元	36 428	9	34 159	15	34 373	14	39 116	6	34 562	13	37 699	8	32 240	29 607	32 729	29 567
城镇常住居民人均可支配收入 增速/%	4.9	15	5.4	10	5.3	12	5.6	7	5.2	13	5.2	13	6.2	6.0	6.0	5.7

指标		淮北市		亳州市		宿州市		蚌埠市		阜阳市		淮南市		定远县	凤阳县	明光市	霍邱县
		绝对值	位次	绝对值	位次	绝对值	位次	绝对值	位次	绝对值	位次	绝对值	位次				
农村常住居民人均可支配收入	总量/元	15 218	13	15 293	12	14 369	15	18 016	6	14 256	16	15 419	11	14 673	13 874	14 592	13 543
	增速/%	8.3	7	8.5	5	8.8	3	8.1	11	9.0	2	8.2	10	8.4	8.7	8.6	9.2
年末金融机构存款余额	总量/亿元	1 672.1	13	2 501.7	9	2 720.1	8	2 458.7	10	4 610.3	3	2 362.3	11	313.5	309.5	255.7	491.5
	增速/%	6.4	15	9.3	11	8.8	12	8.6	13	6.2	16	9.7	10	10	11.9	10.9	13.9
年末金融机构贷款余额	总量/亿元	1 278.5	14	2 380.4	7	2 332	9	2 348.7	8	3 745.4	3	1 714.5	12	201.1	235.8	201.7	322.9
	增速/%	18.4	6	19.6	5	23	3	12.8	13	17.2	8	9.5	15	18.9	22.1	17.8	21.5

5.2.3 产业发展情况

5.2.3.1 规模以上企业情况

2020 年,皖北六市合计拥有规模以上工业企业 5 810 户,实现主营收入 9 620.5 亿元,利润 600.6 亿元,分别占全省总量的 31.6%、25.4%和 26.2%。皖北六市 2020 年规模以上企业情况详见表 5-3。

表 5-3 皖北六市 2020 年规模以上企业情况

地区	规模以上企业数/个	占比/%	营业收入/亿元	占比/%	利润/亿元	占比/%
安徽省	18 369	100	37 925.9	100	2 294.2	100
皖北六市	5 810	31.6	9 620.5	25.4	600.6	26.2
淮北市	660	3.6	1 326.5	3.5	125.1	5.4
亳州市	691	3.8	997.4	2.6	78.2	3.4
宿州市	1 027	5.6	1 442.4	3.8	104.4	4.6
蚌埠市	993	5.4	2 159.3	5.7	86.5	3.8
阜阳市	1 699	9.2	2 402	6.3	125.3	5.5
淮南市	740	4.0	1 293	3.4	80.9	3.5

5.2.3.2　省重大新兴产业基地情况

皖北六市拥有 7 个省重大新兴产业基地，分别为淮北陶铝新材料和铝基高端金属材料产业基地、淮北先进高分子结构材料产业基地、亳州现代中药产业基地、宿州云计算产业基地、蚌埠硅基新材料产业基地、阜阳现代医药产业基地、淮南大数据产业基地。2020 年 7 个基地合计实现规模以上工业产值 1 226.15 亿元、税收 36.01 亿元、固定资产投资 491.83 亿元，分别占全省基地总量的 15.16%、14.75%、29.31%。皖北六市省重大新兴产业基地情况详见表 5-4。

表 5-4　皖北六市省重大新兴产业基地情况

基地名称	产值/亿元	占比/%	税收/亿元	占比/%	固定资产投资/亿元	占比/%
全省基地合计	8 087.74	100	244.1	100	1 678.2	100
皖北六市合计	1 226.15	15.16	36.01	14.75	491.83	29.31
淮北陶铝新材料和铝基高端金属材料产业基地	156.40	1.93	3.92	1.61	27.70	1.65
淮北先进高分子结构材料产业基地	58.90	0.73	3.79	1.55	21.70	1.29
亳州现代中药产业基地	350.86	4.34	7.40	3.03	130.30	7.76
宿州云计算产业基地	75.33	0.93	2.15	0.88	57.10	3.40
蚌埠硅基新材料产业基地	267.79	3.31	6.10	2.50	58.00	3.46
阜阳现代医药产业基地	236.34	2.92	10.03	4.11	130.66	7.79
淮南大数据产业基地	80.53	1.00	2.62	1.07	66.37	3.95

5.2.3.3　主导产业情况

皖北地区主导产业以传统产业为主，新兴产业仍在培育初期。从工业细分行业来看，无 500 亿元以上的行业门类。皖北六市主导产业发展情况详见表 5-5。

表 5-5　皖北六市主导产业发展情况

所在市	行业第一（营业收入）	行业第二（营业收入）	行业第三（营业收入）	行业第四（营业收入）	行业第五（营业收入）
淮北市	煤炭开采和洗选业（276.2 亿元）	非金属矿物制品业（138.6 亿元）	电力、热力生产和供应业（115.8 亿元）	专用设备制造业（113.8 亿元）	农副食品加工业（109.5 亿元）
亳州市	医药制造业（276.8 亿元）	农副食品加工业（126.9 亿元）	酒、饮料和精制茶制造业（112.3 亿元）	非金属矿物制品业（100 亿元）	电力、热力生产和供应业（79.9 亿元）

所在市	行业第一 （营业收入）	行业第二 （营业收入）	行业第三 （营业收入）	行业第四 （营业收入）	行业第五 （营业收入）
宿州市	非金属矿物重制品业 （234.3 亿元）	农副食品加工业 （191.4 亿元）	木材加工和木、竹、藤、棕、革制品业 （140.5 亿元）	化学原料和化学制品制造业 （116 亿元）	电力、热力生产和供应业 （94.5 亿元）
蚌埠市	农副食品加工业 （302.2 亿元）	化学原料及化学制品制造业 （210.9 亿元）	非金属矿物制品业 （192 亿元）	通用设备制造业 （162.8 亿元）	专用设备制造业 （144.4 亿元）
阜阳市	电气机械和器材制造业 （270.6 亿元）	农副食品加工业 （216.8 亿元）	化学原料及化学制品制造业 （196.8 亿元）	非金属矿物制品业 （194.2 亿元）	有色金属冶炼和压延加工业 （156.6 亿元）
淮南市	煤炭开采和洗选业 （365.36 亿元）	电力、热力生产和供应业 （308.44 亿元）	非金属矿物制品业 （97.86 亿元）	汽车制造业 （44.48 亿元）	专用设备制造业 （27.49 亿元）

5.2.4　生态环境情况

2020 年，皖北六市 $PM_{2.5}$ 平均浓度为 46.8 $\mu g/m^3$，同比下降 10%；空气质量优良天数比例为 73.2%，同比上升 12.1%。皖北六市所在的淮河流域断面水质优良比例为 82.5%，优于年度目标 25 个百分点，无劣 V 类断面。

5.2.4.1　综合治理

2020 年以来，下达皖北地区中央生态环境资金近 3.3 亿元，推动空气环境质量和地表水断面生态补偿，皖北六市分别获得空气环境质量、地表水断面生态补偿资金 3 982.5 万元、10 350 万元。国家级研究院在淮北、宿州和淮南三市驻点开展 $PM_{2.5}$ 和 O_3 协同控制研究。建立健全洪泽湖、沱湖流域汛期预警监测机制，推动宿州、亳州等市与徐州、商丘等省级毗邻地市签订联防联控协议，推进区域环境问题排查、整治。强化国家考核断面水质目标管理，对焦岗湖、刘府河、沱湖、北淝河等河流断面进行调研、帮扶。划定"千吨万人"饮用水水源保护区 818 个，加强引江济淮亳州段清水廊道及亳州调蓄水库管理，保障防洪安全和饮用水水质安全。建成 529 个乡镇政府驻地和 507 个省级美丽乡村中心村污水处理设施，完成建制村综合治理 353 个；查处皖北地区危废非法倾倒案件 184 件。宿州 30 万亩农田残膜污染治理和生态塑料产业化项目申报首批国家生态环境导向的开发（Ecology-Oriented Development，EOD）模式试点获得成功。

5.2.4.2　生态保护修复

聚焦中央生态环境保护督察、国家长江经济带警示片和省级环保督查等反馈问题，举一反三开展生态环境问题"大起底"，建立动态问题清单，强化突出问题整改。截至 2020 年年底，皖北六市四县中央两次督查转办的 2 219 件信访件均完成整改；纳入突出生态环境问题清单 712 个，已完成整改 94.5%。淮北市大力整治采煤塌陷区，打造成享誉全国的东湖和南湖湿地公园，实现"煤景"变"美景"，皖北地区形成了一批生态保护修复典型案例。

5.2.4.3　节能环保产业与服务企业

围绕承接产业转移，阜阳界首高新技术产业开发区、阜南经济开发区、泗县经济开发区、五河经济开发区已与省生态环境部门建立了"双招双引"合作关系。截至 2020 年年底，皖北地区节能环保产业签订项目 3 个，在谈项目 6 个，涉及投资 174 亿元。安徽省委办公厅、省政府办公厅印发《关于建立生态环境保护专项监督长制度的意见》，在淮北、亳州全域开展试点，皖北其他四市选取 1~2 个县（市、区）开展试点。安徽省生态环境厅出台《"环企业直通车"行动方案》，印发《关于推行"环境影响区域评估+环境标准"工作的通知》。

5.3　"生态产品价值实现"在皖北的具体实践

5.3.1　理论基础

5.3.1.1　生态产品及生态产品价值实现机制

生态产品是指生态系统通过生态过程或与人类社会生产共同作用为增进人类及自然可持续发展福祉提供的产品和服务。

目前，无论是从政府提供公共服务的供给侧来看，还是从人民群众追求美好生活的需求侧来看，优质生态产品都是属于供给短缺的稀缺产品，优质生态服务也是公共服务中的短板。架起"绿水青山"与"金山银山"之间的桥梁是解决当前这一社会主要矛盾的重要任务之一。生态产品价值实现是我国政府提出的一项创新性的战略措施和任务，已成为践行"绿水青山就是金山银山"理念的物质载体和实践抓手。

皖北地区建立生态产品价值实现机制，就是要顺应当前社会主要矛盾的变化，让生态环境与劳动力、土地、技术等要素一样，成为现代经济体系构建的核心生产要素，使其进入生产、分配、交换、消费等社会生产全过程，通过不断打通生态产品价值转化的制度通道、交易通道和产业通道，盘活优质生态产品，提升生态产品的供给能力，逐步将生态产业培育成为"第四产业"（以生态资源为核心要素，与生态产品价值实现相关的产业形态，从事生态产品生产、开发、经营、交易等经济活动的集合）。重点关注生态资源（产业形成起点）、生态"资源-资产-资本"转化（产业形成基础）、生态资本经营（产业形成和发展的核心）、生态保护与建设（产业可持续发展的保障）四个"第四产业"关键环节，从根本上解决区域经济发展与生态环境保护"双赢"的难题，打造人与自然和谐共生的新方案。

5.3.1.2　生态产品三种类型及皖北生态产品价值实现途径

（1）生态产品类型及特性

依据生态产品的市场属性，生态产品可分为纯公共性生态产品、准公共性生态产品、经营性生态产品三种类型（图 5-2）。

图 5-2　不同类型生态产品区别及价值实现路径

资料来源：王金南，王志凯，刘桂环，等．生态产品第四产业理论与发展框架研究[J]．中国环境管理，2021，13（4）：5-13.

1）纯公共性生态产品。具有非竞争性和非排他性的特征，主要包括水源涵养、土壤保持、物种保育等生态调节服务，对维持自然生态系统可持续性至关重要，但一般较难实现市场交易，其主要依赖政府路径实现价值，价值支付形式有转移支付、生态补偿及定向支持生态保护的政府性专项基金。

2）准公共性生态产品。具有有限的竞争性和非排他性特征，需要人类通过制度设计及开发经营形成经营性产品，包括基于固碳、水质净化等初级生态产品开发的生态资源权益产品，公共湿地、公共林地等公共资源性产品，以国家公园为主体的自然保护区、风景名胜区、自然文化遗产及其蕴含的休闲旅游、自然景观、美学体验等。准公共性生态产品在政府管制下可通过税费、构建生态资源权益交易市场实现价值。

3）经营性生态产品。是人类劳动参与度最高的生态产品，可直接参与市场交易，主要包括生态农、林、牧、渔、中草药产品、生态能源产品及通过延伸生态产品产业链生产的生态有机食品、工业品及文化产品等，还包括通过生态旅游、休闲农业、生态康养等生态产业化形成的经营性服务。经营性生态产品价值的支付形式为产品自身价格，包括生态物质产品及生态产业化经营形成的生态服务。与传统物质产品相比，生态物质产品蕴含较高的生态价值，同时由于其来源于生态环境质量较好的地区，因此往往具有较高的使用价值，但其生态溢价往往因为信息不对称需要有公信力的第三方认证评价及品牌培育推广才能更顺利地实现。国家公园、风景名胜区等公共资源性生态产品通过明晰产权、直接经营、委托经营等方式交由市场主体提供终端生态产品，具体表现为生态旅游、生态康养、生态文化服务等。价值支付形式为门票、会员费等相关生态产业化经营收入。

（2）生态产品价值实现在皖北的探索

皖北地区文化底蕴深厚、资源禀赋优良、生态环境优美，具备建立健全生态产品价值实现途径的基础和优势。近 10 年来，皖北地区政府和民众的生态意识不断觉醒，始终把生态文明建设摆在突出位置，深入践行"绿水青山就是金山银山"理念，大力推进生态环境保护修复，持续探索在发展中保护、在保护中发展的新模式。坚持以改革创新为动力，积极探索多元化生态产品价值实现途径，持续完善生态产品价值实现支撑体系，多管齐下拓展"绿水青山"和"金山银山"双向转化的渠道，根据不同类型的生态产品，打造形成了一批具有一定示范意义的生态产品价值实现典型模式，把自身的自然生态优势转化为经济发展优势，使绿水青山"底色"更亮，金山银山"成色"更足。

5.3.2　经营性生态产品价值实现在皖北的实践

5.3.2.1　宿州市生态农产品价值实现

近年来，宿州市紧扣"一体化、高质量"两个关键，大力推进沪苏浙长三角绿色农产品生产加工供应基地建设。利用砀山酥梨、萧县葡萄、淮北果蔬罐头等丰富的优质农产品资源，全面开展"一县一业"全产业链示范建设，支持 30 家企业入选长三角绿色农产品生产加工供应基地，面向沪苏浙的农副产品及加工年销售额达到 400 亿元以上。同时，促进一二三产业深度融合，积极引进沪苏浙知名农业企业和新型经营主体，在该市建设种植基地，开展农产品深加工，推动农产品转型升级，积极发展生态观光农业、康养农业、创意农业、休闲农业等新业态，延长农业产业链和价值链。

5.3.2.2　蚌埠市生态新材料价值实现

蚌埠市大力发展生物基新材料产业，积极推广生物基可降解新材料制品，建设"无塑蚌埠"。以玉米或农作物秸秆转化生产聚乳酸，可以完全替代以前的石油基各类各种塑料制品，且可生物降解，是经济社会全面绿色转型的重要方向。蚌埠市聚焦生物基新材料产业，强化创新驱动引领，打造世界级生物基新材料中心。目前，在蚌埠固镇县集聚 50 余家产业链上下游企业，2020 年产值突破 500 亿元。到 2025 年，蚌埠市生物基新材料产业规模将突破 1 000 亿元，聚乳酸产业规模将达到 180 万 t，可替代石油基塑料减少原油生产量 540 万 t，相当于 774 万 t 标煤，助力减少二氧化碳排放量 2 090 万 t。

安徽丰原集团有限公司全面掌握了从乳酸菌种制备、发酵、提取纯化、聚合、环保纤维、环保塑料六大核心技术，并充分转化为生产力，实现了大规模的产业化，成为目前全国唯一一个国家新型工业化生物基材料产业示范基地，也成为 2022 年北京冬奥会和冬残奥会生物可降解餐具供应商。到 2030 年，蚌埠市生物基新材料产业集群将形成超万亿元

GDP 经济规模，成为全球最大的维生素产业和生物新材料产业基地。

5.3.2.3　滁州市矿物原料价值实现

滁州市定（远）凤（阳）明（光）"两县一市"，都是资源型县域经济。定远县拥有亚洲储量最大、储量达 20 亿 t 的盐矿；凤阳县石英砂矿储量达 100 亿～120 亿 t，储量、品位和潜在价值居全国首位；明光市凹凸棒储量达 1.15 亿 t，品质全球最好，储量位居全国第三。"两县一市"发挥资源禀赋的优势，进行招商引资，延长产业链，积极主动应用最新工业技术，把信息化技术和产品工艺技术融入工业发展，逐渐形成了"资源+科技+信息"的工业化格局，推动了经济社会的协同发展。

强化以头部企业为牵引，以重大项目为支撑，以"双招双引"为抓手，深化与皖北、沪苏浙园区合作共建，加快建设西部大工业基地，打造定远新型化工、凤阳硅基材料 2 个千亿产业和明光绿色涂料、凹凸棒新材料 2 个超百亿产业，真正把资源优势转化为绿色产业优势、发展优势。

5.3.2.4　阜阳市生态废弃物价值实现

阜阳市阜南县作为传统农业县，每年有大量的农作物秸秆和畜禽粪便产生。近年来，阜南县把秸秆和畜禽粪污资源化利用作为促进农业转型升级和绿色发展的重要举措。针对过去秸秆利用企业少、技术水平低、生产成本高等问题，按照"养殖集中化、粪便资源化、污染减量化、治理生态化"思路，坚持工业化理念、产业化模式，在循环农业、生物质炼制、生态肥料生产、能源开发等方面引进美国联美、中信格义、中益公司等一批高端企业，总投资达 62.1 亿元，填补了阜南秸秆产业空白，推动了农业废弃物的资源化有效利用，催生了绿色经济。

当地坚持以饲料化、基料化、原料化、能源化、肥料化"五化"利用项目为支撑，拓展秸秆全领域利用。通过"五化"利用，秸秆利用率达到 97%。以秸秆为纽带，阜南县积极发展"秸-饲-肥、秸-能-肥、秸-菌-肥、秸-沼-菜"等循环经济模式，让秸秆贯通"粮经饲"、连接"种养加"，使其成为循环农业发展的"助推器"。引导大户流转土地 5.6 万亩，推进粪污无害化处理和资源化利用，改善环境，优化结构，增加效益；以家园建设为载体，配套"一池三改"，373 家规模化养殖场配套沼气 20 处，户用沼气 1 万多口，年处理粪污109 万 t，产沼气 700 万 m³；利用牛粪和农作物秸秆发展巴西菇、草菇食用菌 260 余亩，带动贫困户 200 多户；引进中益公司年利用粪污 28 万 t，生产固态有机肥、液态冲施肥、有机叶面肥等，探索发展有机、生态农业。

5.3.2.5　淮南市生态养殖价值实现

近年来，淮南市创新推广畜禽粪污资源化利用种养结合模式，境内凤台县的安徽润航农业科技开发有限公司，年饲养生猪 4.6 万头，同时建成占地 1 000 亩的现代生态循环农业科技示范园，引进水芹、水果莲、早熟藕、双季茭白和水生植物花卉，发展中山杉、果桑作为林果生态循环利用。养殖场将畜禽粪便通过黑膜发酵转变沼气、沼液、沼渣，沼气用来发电，沼液、沼渣还田。通过技术创新，采用莲藕-水芹、空心菜-水芹、中山杉-水芹加水产等种养结合模式，做到阴阳组合、喜热与耐寒组合、地栽与浮床组合、水生经济植物与水产组合。通过养殖废物就近就地资源化高效利用，实现养殖场污染物"零排放"。经初步测算，化肥可减量100%，农药减量90%，除草剂施用为零，每亩用药减少30元，减少人工除草费用每亩200元，减少化肥施用每亩100 kg。企业新增销售收入1.0亿元以上，新增利润1 000万元以上，实现了种养业生态效益、经济效益、社会效益协调发展。

5.3.2.6　亳州市文化景观产品价值实现

亳州市是有着3 700多年历史的中国优秀旅游城市，旅游基础雄厚，曹操地下运兵道景区、曹操家族墓群等文化遗存得天独厚，非物质文化遗产五禽戏、二夹弦等都给亳州增光添彩不少，文化旅游产业已经成为亳州市十大产业之一。近年来，亳州市坚持以创建国家中医药健康旅游示范区为契机，以文化和旅游年系列活动为抓手，积极完善旅游公共服务设施，大力培育乡村旅游项目和产品，推动生态与文化、旅游深度融合，不断促进生态资产向生态资本的转变。

5.3.3　纯（准）公共性生态产品价值实现在皖北的实践

5.3.3.1　蚌埠市碳排放权交易制度建设

近年来，蚌埠市着力加强碳排放权交易制度建设。包括加强对碳排放权交易工作的组织领导，成立碳交易工作协调小组，制定工作实施方案，协同推进落实各项任务。建立了完善的碳排放权交易核查体系，规范第三方核查工作。按照国家和安徽省要求研究制定符合蚌埠实际的碳排放配额管理和分配制度、履约和清缴制度。另外，强化碳排放权交易能力建设。围绕全国碳排放权交易各个环节，深入开展能力建设，积极组织重点企业核算报告人员、第三方核查人员等专业技术人才参加国家和安徽省系统培训计划，为全国碳排放权交易市场运行提供人员保障。整合多方资源，培养壮大市内碳交易专业技术支撑队伍，构建专业咨询服务平台。持续开展碳排放权交易重大问题跟踪研究。

5.3.3.2　沱湖流域横向生态补偿

沱湖流域上下游横向生态补偿工作于2020年正式实施。按照"权责对等、双向补偿"原则，实行"谁达标谁受益、谁超标谁赔付"的补偿方式。按照"环境共治、产业共谋"的总体要求，淮北、宿州和蚌埠等沱湖上下游各市以水为纽带，统筹推进水污染治理、水生态修复和水资源保护，加强产业发展和社会治理等方面的合作，实现共生共融、共同发展，形成流域一体化发展和保护的格局。2020年，淮北市赔付100万元，蚌埠市赔付2 800万元，宿州市获得补偿金1 300万元。2021年1—6月，淮北市赔付100万元，蚌埠市赔付1 000万元，宿州市获得补偿金1 700万元。

5.3.3.3　淮北市采煤塌陷区生态治理+开发利用

淮北市积极探索通过采煤塌陷区整治，实现生态载体溢价的路径。市区绿金湖治理前为闸河煤矿采煤塌陷区,该区域塌陷程度深浅不一,深达六七米,浅则半米多。塌陷区内污水横流,房屋倒塌,道路桥梁断裂,生态环境遭受严重破坏,土地处于荒废或半荒废状态,是名副其实的城市"黑伤疤"。绿金湖塌陷区治理于2016年4月开工,2017年12月竣工并通过市级验收,总面积约3.61万亩,总投资约22亿元。2018年11月,淮北市委、市政府再次启动绿金湖环境整治工程,主要包括绿金湖环湖绿道、堤顶路、圆梦岛建设及湖区绿化美化、砂石广场、水电气通讯等基础设施建设,总投资约18亿元。治理后形成可利用土地2.45万亩,可利用水域1.16万亩,总蓄水库容达3680万m³,是当前全国地级市中面积最大的人工内湖,其中绿金湖治理区可出让建设用地达8000多亩,仅土地出让金直接收益就达300多亿元。绿金湖治理区建成后,可容纳各类人口8万多人,是淮北采煤塌陷地治理和城市转型发展的示范窗口。

5.3.3.4 烈山区泉山采石宕口生态治理+开发利用

淮北市坚持用市场的逻辑谋事、资本的力量干事,大力推进采石宕口生态修复,以废弃资源的"小杠杆"撬动生态修复的大效应。市委、市政府按照"政府主导、企业主体、社会组织和公众共同参与的环境治理体系"要求,鼓励社会资本参与矿山生态修复,遵循"谁投资、谁受益"原则,探索建立赋予一定期限的自然资源资产使用权等激励机制,充分调动社会资本参与生态治理。同时,充分利用社会资本盘活"边角料",对治理产生的约160万m³废弃土石料进行公开拍卖,并将2.3亿多元收益反哺生态修复,通过资本运作实现自我造血,有效解决资金不足难题。泉山采石宕口治理修复后建成了集生态、娱乐、研学、养老等于一体的综合型城市公园,盘活周边建设用地480亩,价值近9.6亿元,同时带动当地120多名劳动力就业,年接待游客达20万人次。

5.3.4 生态环境保护与皖北"四化"发展不同步问题所在

工业化发展:皖北地区环境空气质量长期落后于全省平均水平,占比较高的高能耗、高排放企业源头管控不到位,新兴产业发展缓慢,给生态环境质量持续改善带来巨大压力。同时,区域环境容量不足,制约了工业发展和产业规模扩张,而新能源和节能环保产业尚处于孕育期,对实体经济及其环境治理不能形成有效支撑。

信息化发展:信息化建设投入不足,相关数据缺乏系统整合,尚未形成生态环境数据"一本台账、一张网络、一个窗口",开发利用程度较低,在环境管理中仍陷于"信息困境"之中,信息化建设与"三个治污"和产业发展联动不够。

城镇化发展:皖北地区城镇化率较低,城镇环保基础设施虽然持续投入但是治理成效提升缓慢。基层环境管理机构不健全,专业技术、监测能力和监管人员缺乏,导致部分环境问题难以根治,突出环境问题及群众身边生态环境问题依然存在。

农业现代化发展:皖北农村生态环境状况相对较差,环保基础设施薄弱,农村生活污水和黑臭水体治理压力大,农业面源污染量大面广。区域生态农业发展导向不强、产业化程度不高，有机农产品基地面积占比较少，生态农业品牌建设不足。

5.4　皖北"四化同步"发展中存在的生态环境问题

5.4.1　"绿水青山就是金山银山"理念和"生态产品"认识有待进一步提升

5.4.1.1　没有认识到生态资源是经济发展的优质资源

在改革开放初期，皖北地区依托丰富的煤炭资源率先发展起来，这些矿产资源成为皖北地区经济发展的动力和催化剂。基于过去这些粗放发展的经验，在当地不自觉地形成了一种狭隘的资源观，认为只有可以采掘开发的化石能源、矿产等非生态资源才是可以使用的资源，才是经济发展的动力，却没有把人们日常所见的阳光、蓝天、碧水等生态资源与经济发展联系起来，把经济发展可以依托的最好、最优质的资源忽视掉了。没有真正认识到"绿水青山就是金山银山"，这些蓝天、碧水、净土正是皖北经济发展可以依托的优质资源。

5.4.1.2　将生态产品价值实现简单的等同为"等靠要"

生态补偿是生态产品价值实现的重要形式，但并不是唯一的形式。在实际工作中，皖北地区有些干部群众只认识到了生态产品的公共产品属性，把生态产品价值实现简单狭隘地等同为"等靠要"，没有认识到生态产品既有公共产品的属性，同时具有经营产品的属性，忽视了对生态产品的开发经营与利用。授人以鱼不如授人以渔，生态补偿只是价值实现的被动"输血"方式，只有发挥主观能动性拓展多种价值实现路径，才能实现持续健康的自我"造血"机制。

5.4.1.3　把实现生态产品价值作为经济落后的理由

"绿水青山就是金山银山"已经深深印刻到各级领导干部和人民群众的心中。但是皖北一些地区基于粗放发展污染环境、破坏"绿水青山"的教训，形成把"绿水青山"与"金山银山"对立起来的错误认识，把"绿水青山就是金山银山"理念定位在只要"绿水青山"、不要"金山银山"的阶段。认为保护"绿水青山"就是不能发展经济，不要"黑色"GDP就是不要GDP，就是不上项目、不搞建设、不抓重点工程。一些需要下些力气抓好环保就可以实现环境经济双赢的产业也不发展，甚至已经充分证明不会产生环境污染的绿色产业也不敢搞，将生态环境保护与生态产品生产视作经济增长的负担，将保护生态环境及发展生态产品作为经济发展不力的理由。

5.4.2　绿色发展质量整体依然低下

5.4.2.1　"两高"行业占比较大

2016—2020年，安徽省产业结构持续升级，三次产业结构由2016年的9.5：43.8：46.8

调整为 2020 年的 8.2∶40.5∶51.3,工业产值占比由 2016 年的 33.9%调整为 2020 年的 29.5%;全省第一产业、第二产业比例逐渐降低,第三产业比例逐渐升高,工业占比逐渐减小。皖北地区三次产业结构由 2016 年的 14.2∶40.1∶45.7 调整为 2020 年的 12.8∶37.7∶49.5,工业产值占比由 35.89%下降至 30.62%,工业占比高于全省平均水平。截至 2020 年,皖北地区淮北、淮南、蚌埠市工业占比分别为 37.7%、34.2%、32.4%,均高于安徽省及皖北地区平均水平。安徽省 2020 年"两高"行业工业总产值占全省工业总产值的 17.29%,而皖北地区占比达 22.60%,高出全省平均 5.31 个百分点。其中,阜阳市、淮南市"两高"行业占比分别达各市工业总产值的 30.20%、41.39%,显著高于皖北及全省平均。

5.4.2.2 碳排放居高不下

安徽省能源消费结构逐步优化,但整体能源结构偏煤。皖北地区 2016—2020 年煤炭消费占比基本维持在 50%左右,明显高于全省平均水平。从煤炭消费总量来看,安徽省及皖北地区 2016—2020 年煤炭消费总量整体呈逐年增加的趋势,增幅分别为 7.5%和 9.9%,皖北地区煤炭消费总量高出全省 2.4 个百分点。其中,蚌埠市、淮南市煤炭消费总量增幅分别达 38.7%、21.2%,显著高于全省及皖北平均水平。皖北地区煤炭消费总量全省占比较高,2016 年的煤炭消费总量占全省 51.2%,2020 年占 52.3%,且两淮煤矿地区煤炭消费总量均超过 50%。

2018—2020 年,安徽省 CO_2 排放量持续上升,增长率 7.48%,皖北六市增长率为 9.86%,高出全省 2.38 个百分点。其中,蚌埠市增长率达 32.06%、淮南市达 18.51%、亳州市达 13.60%,显著高于全省及皖北六市平均水平。皖北地区 CO_2 排放量在全省的占比逐年升高,从 2018 年的 26.67%增加到 2020 年的 27.26%,增加了 0.59 个百分点。皖北地区 CO_2 排放量主要集中在淮北市、淮南市、蚌埠市、阜阳市,CO_2 排放量占比均高于 15%;其中淮北市和淮南市对皖北地区 CO_2 排放贡献了 45%。

5.4.2.3 生态体系构建不完善

根据安徽省"三线一单"成果,全省生态空间(优先保护单元)占比 30.33%,而皖北六市占比仅 6.97%,低于全省平均水平 23.36 个百分点。其中亳州市生态空间仅占 1.58%、淮北市占 4.23%、阜阳市占 5.47%。2020 年,安徽省森林覆盖率 30.32%,规划到 2025 年森林覆盖率不低于 31%;皖北六市 2020 年森林覆盖率 20.67%,2025 年为 21.05%,低于全省平均水平 9.95 个百分点。仅宿州市森林覆盖率高于全省平均水平,达到 32.80%。皖北六市总体生态空间占比过小,且碎片化严重,生态连通性较差,淮河生态廊道体系构建不完善。

5.4.2.4 绿色转型发展面临突出的问题

一是经济实力不够强。在全省经济发展中,皖北地区经济总量还不够大,产业实力还不够强,群众收入水平不高;绿色发展给经济和民生带来的短期损失难以有效化解。现阶段传统工业化向绿色发展方式全面过渡困难较大。二是低碳产业体量不够大。皖北地区的生态和绿色产业发展虽有起步,但产品种类缺乏,多以高碳、高能耗企业为主,低碳产业和项目规模偏小、数量较少，同时发展低碳绿色产业的专业人才和技术缺乏，短期难以发挥支撑和带动作用。三是政策机制不完善。皖北地区整体上实施主体功能区、培育低碳产业和生态建设的配套政策机制缺乏，绿色发展所需的土地、资金等要素还面临着供给困难，发展的矛盾比较突出。

5.4.3　生态环境质量持续改善压力较大

5.4.3.1　生态环境质量持续改善压力巨大，环境治理体系不完备

环境质量改善任务依然艰巨。大气污染防治方面，2020年，安徽省 $PM_{2.5}$ 全省年平均浓度为 39 $\mu g/m^3$，优良天数比例为 82.9%。根据 2020 年度全省空气质量统计数据显示，$PM_{2.5}$ 排名后六名依次为阜阳市（49 $\mu g/m^3$）、淮北市（48 $\mu g/m^3$）、淮南市（48 $\mu g/m^3$）、亳州市（47 $\mu g/m^3$）、宿州市（46 $\mu g/m^3$）、蚌埠市（43 $\mu g/m^3$）；优良天数比例排名后五名依次为亳州市（70.2%）、淮北市（71.3%）、宿州市（71.6%）、阜阳市（71.9%）、淮南市（72.7%）。皖北六市主要空气质量指数均低于全省平均水平，优良天数比例呈下降趋势，已经成为全省空气质量持续改善的难点，距离 2025 年全省 $PM_{2.5}$ 年均浓度规划达到二级标准要求目标差距较大，形势不容乐观。水污染防治方面，水环境保护形势严峻、重污染支流水质改善进展较慢，湖泊富营养化程度严重，淮河流域部分支流水质较差等问题未得到根本解决，部分断面达标不稳定。由于城市截污不彻底、污水管网破损等，部分生活污水未得到有效处理。农业面源污染尚未得到有效治理，加上枯水期部分河道缺乏径流出现水质恶化，亳州市利辛县、亳州市蒙城县、宿州市等畜禽养殖企业区域分布密集，由于畜禽养殖废水及废弃物治理水平偏低，面源污染风险加大，高浓度淋溶水在雨季通过沟渠等进入主要河流，增加河流污染负荷，给区域水污染防治工作带来较大压力。土壤污染防治方面，环境管理基础薄弱，受污染土地调查不清晰，污染防治法规标准体系尚不健全，科技支撑能力相对较弱，相关部门之间协调配合有待加强，尤其是近两年来固体废物非法转移、倾倒事件多发频发，导致土壤污染防治压力增加。

环境治理体系亟待加强。地方责任落实、压力传导不到位，部分领导干部生态环保认识仍有偏差，不能妥善处理发展与保护的关系，上马"两高"项目的冲动依然强烈，传统唯 GDP 论的固有思维依然没有彻底摈弃。生态环境治理领域创新举措与手段不足，市场手段和社会参与程度仍然偏弱，资源环境的市场配置效率有待进一步提高。生态环境保护协调推进机制仍未充分发挥作用，部分污染防治领域信息共享和联动监管机制尚未完全建立。阜阳、淮南、淮北煤化工基地传统产业升级缓慢，高端产业链尚未建立，环境风险管控和应急能力建设较薄弱。环保执法队伍建设、监管能力、管理手段亟须提升，现代信息技术应用有待进一步加强。

5.4.3.2　农村污染治理与环境管理存在短板

农业农村生态环境保护存在差距。皖北地区整体农村生活污水治理资金投入缺乏、设

施建设不规范、长效机制不健全,农村生活污水治理率最高的阜阳市也仅为 24.49%。农村生活垃圾分类设施投放及配套收运处理处置体系仍有待进一步完善。77.8% 的行政村尚未开展环境整治,已整治地区基础设施运行尚不稳定。农村黑臭水体量大面广,整治工作任务繁重。部分农村饮用水水源地尚未完成规范化整治。皖北地区农业源水污染物排放(流失)量仍处高位,第二次全国污染源普查结果表明 COD 为 29.03 万 t,TN 为 3.90 万 t,TP 为 0.53 万 t,分别占全省农业源的 56.47%、48.48%、45.66%。畜禽养殖场粪污处理和利用方式不够规范,水产养殖仍较粗放。部分地区化肥农药施用强度依然较高,尤其是毛集实验区、颍上县等地。农膜回收再利用主体匮乏,秸秆产业化利用有待进一步培育壮大。

环境监管能力基础依然薄弱。皖北地区农业农村生态环境保护重视程度不足,责任意识有待加强。部门间信息共享机制不健全,农业面源污染防治、农村黑臭水体整治、农村生活污水治理等工作在统筹推进、信息共享、考核督导等方面尚未形成分工协作、齐抓共管的工作局面。农村饮用水水源地保护、农村生活污水、黑臭水体、农业面源污染治理等监督管理体系尚不健全。农业农村生态环境监测能力有待提高,执法检查工作基础有待加强,基层环境管理机构有待健全。农村生活污水垃圾治理、农业面源污染防治缺乏专业技术支撑队伍和有效治理模式,治理成效有待进一步提升。

生态环境保护体制机制仍有待完善。一是工作责任有待进一步压实,一些地方还没有将农村环保工作真正纳入重要议事日程,在不少基层"重城市、轻农村,重点源、轻面源,重建设、轻管理"的观念还普遍存在,一些地方农村环保工作主动性不强,"等靠要"思想严重,工作部署不清晰,责任任务不落实,治理措施不具体;二是村民参与环境整治内生动力不足,各地在推进农村环保工作中,主要依靠政府行政推动,农民群众主体作用未得到充分发挥,村民参与环境治理责任感不强,缺乏内生动力;三是农村环境整治市场机制不完善,与城镇环境保护相比,农村环境保护具有分散、繁杂、无序等特点,现阶段治理技术和市场商业模式不成熟,投资回报机制不健全,吸引社会资本参与积极性不高;四是长效运营机制尚未建立,据省内相关报道,由于运营资金短缺、管网配套不同步、专业技术人员缺乏等因素,皖北农村生活污水处理设施"晒太阳"问题比较突出。

5.4.4　生态产品价值实现机制和路径有待完善和明晰

皖北地区要实现"绿水青山"等公共性生态产品向"金山银山"的有效转化,当前重点是科学依靠政府和市场"两只手"。但是,该如何恰当处理好政府与市场的关系,政府该如何制定、调配合适的政策工具,以达到最大化地发挥有限财政资金的效用,同时合理引导、规范市场化运作、充分调动市场主体积极性,市场主体又究竟能发挥多大作用以及该如何发挥作用等等,是摆在皖北地区面前不可回避的现实难题。在以政府主导下市场配置为主体的生态产品价值实现探索中,皖北地区仍然面临许多困境。

5.4.4.1　以政府为主导的生态产品价值实现力度不足

皖北地区为农产品主产区，其粮食生产与重要能源矿产开采的应有补偿力度明显不足。多数地区将生态敏感区域内建设项目腾退、人口迁出、生态修复资金纳入补偿范围，却没有对生态产品（粮食等）和公益型产品（煤炭等）进行补偿，导致财政资金补偿错位。皖北大部分地方政府用于公共性生态产品补偿的经费主要依靠中央财政转移支付，而企事业单位投入、优惠贷款、生态银行（保险）、社会捐赠等其他渠道基本缺失，导致资金缺口大。同时，除资金补助外，对口协作、产业转移、人才培训、共建园区等综合补偿方式在实践中相对不足。此外，还亟待形成体现不同领域、不同类型区域差异化的生态补偿价格计算方法、标准体系，并明确具体的补偿对象。

5.4.4.2　以市场为主体的生态产品价值实现的投资回报动力不足

鉴于自然条件禀赋、生态环境状况以及经济发展水平，皖北地区在具体实践以市场为主体的生态产品价值实现时，其投资回报周期往往过长，回报率也不高，内生动力不足。尚未从根本上形成激励地方政府和市场主体自主保护生态环境的内生机制，实现生态产品价值面临产权界定不清晰、估价及核算体系不完善、生态修复动力不足等诸多方面的挑战。实施主体往往追求当期经济利益最大化的目标导向，致使自然资源的总体价值未能充分体现，尤其是自然资源国家所有权所承载的诸如调节气候、物质循环、生物多样性保育、生态平衡维护等方面的生态系统可持续发展价值未能得到足够考量。实践过程中，经济开发有余、生态保护不足，甚至会产生新一轮的破坏，进入"开发—破坏—巨额成本修复—新一轮破坏—再更巨额成本修复"的恶性循环之中。

5.5　皖北"四化同步"发展中生态产品价值实现路径

5.5.1　夯实生态产品价值实现基础

5.5.1.1　优化国土空间开发保护布局

优化国土空间开发保护布局，促进"三线一单"成果落地。到 2025 年，安徽省常住人口城镇化率达 62%，而皖北六市为 58.7%，低于全省平均水平 3.3 个百分点。皖北六市应以振兴皖北为契机，加快城镇化建设步伐，促进产业集群化发展，优化生产生活空间，力争城镇化率达到全省平均水平。

皖北各市应以皖北振兴和标准地为契机，加快产业集群建设。一是以县城作为"四化同步"的重点，皖北地区城镇化会更多在县城实现，未来县城的规模会快速扩大，按照工业集群化、集群园区化、园区社区化、社区城镇化进行规划和布局，推动产业规划、城市规划、环境规划等"多规合一"，优化生产生活空间，在推进城镇化的同时提升工业能级。二是以人为核心推动"四化同步"，聚焦人的城镇化，通过强化教育、医疗、文化、养老、幼托等高质量公共服务供给,引导人口向城镇流动,增加就业劳动力,促进产业集群发展。三是高质量推进皖北"一区一地"建设,结合长三角一体化发展要求提出建设"皖北承接产业转移聚集区"和"长三角绿色农产品生产加工供应基地",以"结对子""大手拉小手"等方式,加快推进皖北地区工业化和农业现代化建设。四是结合"三线一单"管控及大气污染防治要求,倡导"绿岛"模式,以市为单位分区布局,推进电镀中心、废活性炭处置中心和溶剂回收处理中心建设。五是促进产业绿色转型,淮北市、淮南市应结合煤炭资源优势以及煤化工基础,加快推进煤炭煤化工产业绿色转型,延长产业链,提升工业价值,降低单位产品能耗;蚌埠市应充分利用玻璃工业设计研究院优势,加快光伏玻璃、特种玻璃、异型玻璃研发与产业化转化力度,在促进产业发展的同时,做到提质降耗增效;阜阳市应严控新的"两高"行业上马,并通过清洁生产、优化能源结构等手段,促进现有"两高"行业绿色转型。

以县城作为"四化同步"发展重点,加快城镇化及产业集群化发展,推动产业规划、城市规划、环境规划等"多规合一",优化生产生活生态空间,以打造长三角绿色农产品生产加工供应基地为基础,加大农业"种+养+加"支持力度;以"两高"产业提质降耗增效、"绿岛"建设等为路径,加快产业结构调整和工业绿色发展,促进经营性生态产品价值实现。

5.5.1.2　科学制定农村生态环境建设规划

将过去相对分散、零散、碎片化、重复化、部门分割化的农村生态建设方面的工作和项目整合起来,对乡村清洁工程行动计划、农村环境连片综合整治工作、美丽乡村建设等进行梳理,从环保基础设施建设、农业面源污染、农村环境治理、农村水源保护、农村水利建设、农村森林覆盖、实施与监管主体、责任与追责机制等方面形成一个农村生态环境建设总体规划。同时,在农村环境治理的规划中要体现不同地区、不同类型村庄的差异性。不能变统一规划为同一规划,还要兼顾区域差异性,明确不同地区不同的推进方式或者允许探索各自的方式。从而体现不同情况下的建设要求和考核要求,以防出现规划脱离实际,项目建成不能发挥效用的情况发生。

例如,在生活污水与垃圾处理方面,应关注以下问题:一是城市和城镇边缘的农村,重点应该是考虑城镇环保设施向农村延伸,将临近城镇农村生活污水、垃圾纳入城镇处理体系的问题;二是平原农村,应考虑以中心村为主与周边村庄共建共享生活污水与垃圾处理体系以及共同保障运转的问题;三是丘岗地区及湖库周边的农村,应以防治城镇、农村社区、乡镇工业集中区、中心村等生活、工业污染向其转移为重点的问题。另外,要改变先发展、再治理的传统工业发展模式,切实落实农村乡镇工业集中区规划环境影响评价及其工业建设项目环评工作,让农村工业项目与污染治理设施建设同时落地,减少农村工业企业对农村生态环境的破坏和污染。

5.5.1.3　加快淮河生态廊道建设,提升森林碳汇价值

到 2025 年安徽省森林覆盖率达 31%,而皖北六市仅为 21.05%,低于全省平均水平9.95 个百分点。因此,需加快淮河生态廊道、农田生态系统等建设,提高森林覆盖率。加

强农林复合生态系统建设，提升生态空间，力争森林覆盖率接近全省平均水平。同时，森林覆盖率的提升有利于提升森林碳汇价值，促进公共性生态产品价值实现。

全面落实《淮河生态经济带发展规划》，推进生态文明建设和高质量发展。开展林业增绿增效行动，以人工造林为主，多树种配置，建设覆盖淮河干流和主要支流的生态走廊；加强瓦埠湖湿地生态保护，推进引江济淮工程沿线生态建设，提高生态净化能力和涵养功能；加强八里河等自然保护区建设。持续推进农田、骨干道路林网建设，加快石质山造林绿化，强化森林管护，构建稳固的区域生态屏障；完善城市生态网络，推进森林城市（镇）、森林村庄、森林长廊和园林绿化建设，创建国家森林城市。推进矿山生态恢复治理，推广矿山综合治理"淮北经验"——以采煤沉陷区综合治理为突破口，探索形成"深改湖、浅造田、不深不浅种藕莲""稳建厂、沉修路、半稳半沉栽上树"的治理模式，将煤灰蔽日的"矿山城市"打造成"山水在城中、城在山水中"的公园城市。

5.5.2 以绿色转型发展为着力点，全力推进生态产业可持续发展

5.5.2.1 做实双招双引，壮大新能源和节能环保产业

安徽高质量发展必须解决皖北地区的高质量发展问题。推进产业绿色转型，大力发展新能源和节能环保产业等新兴产业，打造循环经济是产业升级、带动地区经济高质量发展的一个重要方向，也已成为皖北各市的共识。

（1）用绿色发展理念，实现传统行业高质量转型发展

以产业生态化推动绿色发展。产业生态化是遵循自然生态有机循环机理，以自然系统承载能力为准绳，对区域内产业系统、自然系统和社会系统进行统筹优化，通过改进生产方式、优化产业结构、转变消费方式等途径，加快推动绿色低碳发展，持续改善环境质量，提升生态系统质量和稳定性，全面提高资源利用效率，促进人与自然和谐共生。淮南、淮北作为煤炭资源型城市应以新思想指导新实践，新理念引领新发展，用绿色理念引领传统产业高质量发展。

发挥能源基地优势，大力推进煤炭就地转化，实现传统产业从"高碳产业"到"低碳经济"产业发展。淮北临涣选煤厂是亚洲最大的选煤厂，年洗选能力1 600万t，临涣焦化股份有限公司是亚洲最大的独立焦化厂；淮南中安联合煤化一体化项目已建成投产，煤制烯烃为产业链重要的上游原料产品。淮南、淮北可依托龙头企业，着力打造一流的现代新型煤化工合成材料基地，推动化工企业由点状分布向园区集中，煤炭产品由工业燃料向化工原料转变，延长产业链，增加附加值，努力将煤炭"吃干榨净"，产业"老中生新"，构建以先进合成材料为主体的现代煤化工产业，向"煤—焦—化—电—材"循环经济发展模式转变。

（2）用循环经济理念，实现优势产业可持续发展

应用循环经济理念，将各市优势产业不断做大做强。阜阳市拥有界首资源循环利用国

家级新型工业化示范基地、太和肖口绿色新能源产业基地等园区，再生金属、再生塑料等资源综合利用产业具有雄厚的基础。阜阳市可围绕其重点发展再生金属利用，以再生铅清洁生产为核心，推动再生铅精炼及深加工产业发展，加快蓄电池回收等行业良性发展。做大做强再生铝产业链，推动高精板带箔、挤压铝基新材料、铝合金铸件等产业集聚发展，建设国内领先的废铝分类回收体系。

淮南、淮北市各矿井可实施循环经济改造，根据矿井规模合理配置选煤厂、焦化厂、煤矸石及煤泥电厂，打造产业链条。矿井生产的原煤输送到选煤厂洗选，精煤送至焦化厂炼焦，产生的煤泥、矸石等废弃物送至电厂发电；电厂排水优先供焦化厂炼焦，焦化厂排水供选煤厂洗煤，电厂为下游的高耗能项目提供电力，从而实现各类资源闭路循环和高效利用。两市以煤炭、岩盐等资源为依托，构建"煤—焦—化""煤—矸石—建材""煤—电—电石—PVC"等若干个产业链，形成"矿井小循环、矿区大循环"的循环经济格局，实现节能、降耗、减污、增效的有机统一，促进资源增值化，提高综合利用水平。

（3）用科技创新理念，促进新能源和节能环保产业成为新的经济增长点

新能源和节能环保产业作为安徽省十大新兴主导产业之一，将在产业发展中扮演重要角色，培育壮大新能源和节能环保产业不但能够为各市经济发展带来更大机遇，成为新的经济增长点，也将为系统性解决生态环境问题提供强劲抓手，为实现碳达峰碳中和战略目标提供强有力支撑。

蚌埠市依托良好的工业基础，推进硅基、生物基新材料规模化、特色化、高端化发展，形成具有国际影响力和竞争力的硅基、生物基新材料产业集群。蚌埠市硅基新材料产业基地是安徽省政府授牌的第一批重大新兴产业基地，其依托和发挥中建材蚌埠玻璃工业设计研究院在技术和人才方面的优势，推进光伏玻璃生产线的建设，提升关键材料本地配套能力，培育多家有竞争力的信息显示玻璃企业，打造具有国内竞争优势和特色的信息显示玻璃产业集聚区，并积极为合肥和南京新型显示产业集群进行配套，加强下游应用产业联动。通过自主创新、合资合作及招商引资等方式，不断提高蚌埠光伏产业的装备技术水平和制造能力，逐步形成光伏产业相关装备设备制造产业。蚌埠市"生物基"产业立足已有产业基础，重点发展聚乳酸、聚丁二酸丁二醇酯、塑木复合材料等可降解材料领域，重点集聚可降解塑料购物袋、外包装材料、塑料餐具、医用材料、农用地膜、纤维及纺织等应用企业，着力打造以"乳酸—聚乳酸—应用产品"为主线的产业链条。淮南、淮北利用煤电资源丰富的优势，抢抓低碳经济发展机遇，积极引进高效率、低成本的晶硅电池企业，培育光伏产业链。利用采煤沉陷区、湖泊滩涂地建设大型光伏发电基地，推动采煤沉陷区及屋顶光伏发电项目，充分发挥淮南、淮北良好的煤电资源、采煤沉陷区优势。同时，在碳达峰碳中和目标背景下，充分利用废弃矿井开展 CO_2 贮存，变废弃矿井为有效资源，实现可持续发展。另外，依托淮南、淮北矿业等龙头企业，发展以电解水制氢、煤制氢和化工副产制氢为主，太阳能光解制氢等多种形式并存的制氢产业，促进新能源产业发展。

5.5.2.2　助力双碳、总量指标等要素保障，服务工业项目

促进构建竞争力强的"大皖北"工业体系。振兴皖北首要任务是振兴工业。要坚定不移地加快提升皖北地区新型工业化水平，制定皖北大工业发展整体规划，根据生态环境等条件明确空间布局，根据特色和优势选择重点产业、策划重点项目、培育和引进骨干企业。盘活现有工业园区资源，创新管理体制，落实承接产业转移集聚区建设政策措施，保证既有企业正常经营、在建企业正常建设，培育和引进更多高质量工业企业，防止产业布局上近距离的同质竞争重复建设，以此促进工业提质、扩量、增效。突出发展农产品、能源、特色化工、药品、食品、酒类、新型材料、汽车和机械装备、纺织服装、电子信息等加工制造业，支持各地有选择地发展战略性新兴产业，容许发展有效益的劳动密集型产业，在"亩均论英雄"中增加"亩均就业人数"等皖北内涵，促进构建有特色、有优势、有竞争力、有规模、有效益的高质量工业体系，支撑皖北振兴。

强化"三线一单"管控，推动产业转型升级。落实"三线一单"就是落实分区环境管控，把该保护的区域坚决保护好，该发展的区域科学发展好，最终的目标是协调好保护与发展的关系、发展与底线关系，确保发展不超载、底线不突破。皖北地区必须以"三线一单"生态环境分区管控要求为依据，在产业准入、资源开发等方面使空间布局更趋合理，从宏观层面调控产业布局方向、资源开发强度。在产业升级和项目入园引进的过程中，严格落实"三线一单"管控要求，转变工业园区发展思路，扩大产业集群效益。同时，园区积极开展循环化改造，充分发挥绿色低碳标准、技术、产品对产业高质量发展的引领和支撑作用，推动产业高端化、集聚化、融合化、低碳化升级，降低能源资源投入强度，构建经济社会高质量发展和生态环境高水平保护新发展格局。

建立生态环境质量和总量综合预警，服务工业项目。依托"数字江淮—智慧环保"（2.0版）综合平台，搭建生态环境质量和总量指标管理综合预警预报平台，接入实时生态环境质量监测数据、重点企业自动监测数据、排污许可数据、总量指标（排污权）动态数据等，实行生态环境质量和总量指标双预警。在区域总量指标预算使用达到80%，或生态环境质量接近达标风险值时，启动黄色预警预报；区域总量指标预算使用达到90%，或生态环境质量接近达标风险值时，启动橙色预警预报；区域总量指标预算使用超过95%，或生态环境质量超过达标风险值时，启动红色预警预报。建立定期调度机制，落实污染物总量控制和减排任务，最大限度地减少区域限批对当地经济社会发展带来的不利影响。另外，从空间土地准入、环境总量准入、资源效率准入等方面来设定产业准入标准，强化能耗、水耗、污染物排放等条件约束，以此推动传统行业技术的革新和升级。对现有焦化、电厂、化工等"两高"企业全面开展清洁生产，进一步降低能耗、CO_2 和污染物排放总量，淘汰不达标企业和项目，从而为引进产业链上下游的先进企业腾出发展空间。

5.5.2.3　构建循环农业体系

促进构建"大皖北"现代化农业示范区。振兴皖北的难点和重点是振兴农业农村经济。

皖北地区是安徽省重要的传统农业区，农村人口数量占全省近一半，粮食产量超过全省一半。建议大力支持皖北地区高标准农田建设、农业产业化经营，通过培育和引进种植业和养殖业企业、农产品加工企业、农产品专业市场、农业新技术开发企业、农村专业服务企业等，引导民间资本、国有资本等投资皖北农业，提高皖北农业规模化、标准化、智能化、精致化、高效化经营水平，提高农村资源的综合开发、循环利用、高效利用水平。以土地经营权集中流转为前提、以龙头骨干企业为主体、以培育重点产品和优势产业为方向、以关键性项目建设为抓手，结合以政府奖补政策和金融政策等，促进形成皖北地区小麦、玉米等主粮"种子化"集中示范区，促进形成油料、中药材、水果、水产、蔬菜、林产品、畜禽等优势产业大规模集中示范区。通过龙头企业快速推广使用农业先进技术和先进装备，增加农业"标准地"、高标准农田投入，大大提高农业现代化水平。

构建完善农业循环经济产业链。立足皖北各市资源优势打造各具特色的农业全产业链，形成有竞争力的产业集群；构建种植业、养殖业、加工业、微生物业、销售业、旅游业之间循环连接的多功能大循环农业产业链。培育完善"粮食—秸秆饲料—畜禽养殖—生物有机肥—种植业""养殖业—畜禽粪便—沼渣/沼液—种植业"等循环经济产业链，实现单一产品向一二产、一三产、一二三产相结合的生态经济大循环转化。推动农业龙头企业向现代生态农业园区、农产品优势集聚区集聚，加快发展现代生态循环农业，优化产业布局，调整产业结构，促进农业产业化发展进程。推进农业资源利用节约化、生产过程清洁化、产业链条生态化、废弃物利用资源化，形成农林牧渔共生的循环型农业生产方式，以及种养相结合的多功能大循环农业产业链接模式。走出一条产出高效、产品安全、资源节约、环境友好的现代农业发展道路。

5.5.2.4　构建生态服务业

促进构建"大皖北"现代服务业集中区。"四化同步"发展离不开服务业配合，振兴皖北需要振兴现代服务业。创新生产性服务业，促进三次产业健康发展、融合发展；创新生活性服务业，提高人民生活质量。统筹规划、合理布局、有序建设交通枢纽和冷链仓储等设施，减少重复建设和无序竞争，促进皖北地区交通运输业、现代物流业等健康高效发展。支持一体化发展农业技术、农机装备等服务业。支持跨行政区规划建设淮河文化、大运河文化、楚汉文化等文化旅游景区，主动打造淮河文化圈，大力发展旅游服务业。支持金融服务、电商服务、外贸服务、技术服务和创业服务等集中区建设，降低企业经营成本。支持皖北地区补足科技教育、医疗卫生、体育健身、家政养老、文化娱乐等方面短板，扩大服务业的规模，改善居民生活品质。

实施"生态+文旅"行动，将优美的生态环境转化为生态产品。推进旅游业开发、管理、消费各环节绿色化，积极构建循环型旅游服务体系；运用"互联网+"模式，建设"智慧旅游"服务、管理和营销平台。加强旅游资源保护性开发，推进旅游产品开发创新，培育特色旅游品牌。采用节能环保产品，完善旅游接待点、旅游公厕、文化墙、生态停车场等基础设施建设，提升旅游环境和旅游接待能力。

加强生态科普宣传教育，传播绿色生态理念。支持旅游景区发展绿色交通，提倡使用清洁能源摆渡车、公共自行车等节能环保交通工具；引导公众绿色旅游和绿色消费，倡导绿色出行方式；减少使用一次性用品，引导游客分类投放废弃物，自觉保护旅游景区生态环境。鼓励各市创建国家全域旅游示范区，加快特色文化旅游项目建设。争创省级特色旅游名镇、特色旅游村、休闲旅游示范点等个性化景点。

5.5.3　以"数字江淮—智慧环保"建设为切入点，推进环境治理信息化

5.5.3.1　促进构建"大皖北"信息化高地

加强信息基础设施建设，培育信息化制造业、服务业，以信息化提升皖北地区新型工业化、新型城镇化、农业现代化水平，实现融合发展。新一代信息化在皖北地区农业现代化方面的应用场景十分广阔，建议在这一领域先行先试走在前面。实施数字赋农行动，全面支持皖北农业物联网建设，借助网络技术加快发展设施农业、节水农业、绿色农业、循环农业、高效农业，加快发展壮大各类农业示范园区，带动乡村振兴、生态振兴、皖北振兴。

5.5.3.2　环境信息化助力工业化、城镇化和农业现代化

以安徽省生态环境厅构建的"数字江淮—智慧环保"为依托，按照"一套数、一张图、N个业务系统"的体系架构，完善皖北环境管理体系信息化建设，并纳入"数字江淮—智慧环保"系统，从而推动环境管理体系信息化。加快皖北地区智慧环保系统建设，融入安徽省生态环境厅"数字江淮—智慧环保"体系。综合全省及各市大数据，打造"综合分析—快速响应—决策支持"为一体的智慧化服务样板，提升服务质量和服务效率，促进工业化、城镇化、农业现代化建设。主要就是开发"三线一单"数据智慧应用平台，服务高质量发展。充分运用互联网、遥感、GIS等现代信息技术手段，将"三线一单"管控要求与生态环境日常管理工作相结合，集成"数据与成果管理—数据综合查询及展示—智能研判与应用服务—纵横向共享交换—实时业务数据—应用服务数据对接"等功能，实现"三线一单"信息化管理。为国土空间管控、项目选址、产业准入、项目环评和规划环评提供智能辅助决策，提高智能研判和服务质量，助力"三线一单"成果落地。

5.5.3.3　科学化助力生态环境保护与管理精准化

一是支撑大气环境保护精准化。以碳达峰碳中和为契机，积极开展碳排放核算、碳达峰方案制定，摸清家底，制订达峰路径，以火电行业为重点加快碳中和技术研发，促进"减污降碳"协同控制；以颗粒物、VOCs深度治理为核心，以淮北市、阜阳市、淮南市"一市一策"为契机，开展$PM_{2.5}$与O_3协同治理研究，科学精准治污，构建适应皖北区域的大气污染防治策略。①开展减污降碳协同目标管控应用，建立低碳数字化应用系统。探索皖北地区应对气候变化工作全流程、信息化、智能化在线管理。对接碳排放交易市场数据，

汇集重点行业企业碳排放清单，推动碳排放数据智能核算。耦合大气环境质量数据，支撑减污降碳目标的"现状评估—预测预警—减排潜力分析—目标可达性分析"应用场景，助力皖北地区能源结构调整和产业结构绿色转型。②建立"污染物排放—气象要素—预测预警"信息化平台，支撑 $PM_{2.5}$ 和 O_3 协同控制。统筹考虑 $PM_{2.5}$ 与 O_3 污染区域传输规律和季节性特征，通过信息化手段加强重点区域、重点时段、重点行业治理，强化分区分时分类的差异化和精细化系统管控，运用大数据等新技术辅助开展 $PM_{2.5}$ 与 O_3 形成机理与源解析研究，支撑大气污染防治科学决策，助力皖北地区空气质量持续改善。

二是支撑水环境保护精细化。以现有环境监测系统为基础，加快推进网格化布点，通过共建共享水环境监测和饮用水水源保护地监管要素数据，利用全球定位系统（GPS）、GIS、无人机、热成像、视频监控等先进技术，构建"水资源-水环境-水生态-点面源污染"等多元异构数据感知智慧体系，促进皖北水资源保护，推动皖北经济、社会、环境可持续发展。

三是支撑固体废弃物源头减量与资源化利用合理化。依托物联网、5G、大数据等信息技术，提升皖北地区固体废物监管智慧化、信息化水平，积极探索打造皖北地区固体废物全过程监控和追溯体系。为产业发展政策制定、税务征收和减免、资源再生和循环利用等领域提供增值服务，实现生态效益、经济效益与社会效益的最优化，推动皖北地区绿色发展。

四是支撑生态资源保护与开发利用智能化。利用 GPS、GIS、无人机、热成像、视频监控等先进技术，构建"生态资源-生态保护-资源利用"多元一体的生态资源保护与开发利用体系，科学监管生态资源。运用智慧化平台对生态环境保护进行有效监督、管理、保护和修复；运用"互联网+"模式，建设"智慧旅游"服务、管理和营销平台，实施"生态+文旅"行动，将优美的生态环境转化为生态产品。

5.5.3.4 智慧化助力环保管理，领创数字治理新模式

智慧化助力环境监测与环境执法能力现代化。以各市现有环境监测系统为基础，加快推进网格化布点，优化环境监测体系；以环境综合执法队伍为引领，适度引入"环保管家及其技术团队"等，强化环境执法能力。推进"环境监测—视频监控—信息传输—综合诊断—现场处置—问题销号"体系建设，构建"不见面执法—快速反应—问题销号"一条龙服务。一是支撑生态环境监测能力体系化。持续完善皖北地区"水陆统筹、天地一体、上下协同、信息共享"的生态环境监测网络，实现生态环境监测数据全生命周期管理，运用物联网、区块链等信息技术，提升生态环境全面高效感知，助力皖北地区生态环境监测体系和监测能力现代化。二是支撑生态环境执法能力高效化。推进"互联网+执法"，形成执法办案全闭环，全面提升执法工作成效，提高执法效能。运用智能语音、视频监控、图像识别等技术，提升环境信访智慧化水平，探索生态环境非现场监管，实现环境风险智能评估预警，加强应急决策与实时调度能力，形成环境精准执法科学决策体系，为生态环境管理保驾护航，进一步提升皖北地区生态产品价值和人民群众的幸福感。

智慧化助力环保督查问题整改综合执法多元化。利用智慧环保数视图端多种形式，构建"线上+线下"双发力，"发现问题+解决问题"双向闭环体系。实时跟踪国家、省、市县各类突出生态环境问题整改进展，迭代深化生态环境问题发现和整改闭环管理机制，拓展"1+1+N"突出环境问题整改调度系统功能，发挥"线上+线下"优势，通过智慧环保、数字赋能，持续构建人防、技防、制防相结合的环境问题发现—交办—整改—督办—验收—考核机制，提升整改专业化水平，通过信息化手段，数字化分解，进行本源分析、行业分析、产业分析，从源头找出端倪，推动源头治理，实现标本兼治。建立问题自动预警机制，对超标期问题数据进行智能研判，实现预警任务分发自动化，并通过系统对问题处理流程的跟踪，强化过程监管，以信息化赋能推动问题高效整改。

智慧化助力跨地区跨部门高效协同工作体系。以"数字江淮—智慧环保"为基础，以皖北六市"智慧环保"为核心，构建皖北六市"一套数、一张图"，强化信息共享，建立区域联席制度，解决信息化系统信息不畅、功能不完整、信息系统"孤岛"等问题，有效实现区域联防联控。各市进一步强化环委会（办）职责和部门责任清单，落实部门主体责任。建立问题自动预警机制，对临近或已超期的问题进行智能研判，自动形成预警信息派发到有关部门和单位，通过系统平台实现对问题整改流程的跟踪、预警、督办，对突出的生态环境问题采取"照单销号"，对落实不力的部门予以"约谈"和追责，有效形成跨地区跨部门高效协同工作机制，助力"四化同步"发展。

5.5.4　以生态环境改善为着眼点，提升质量服务城镇化与农村现代化

5.5.4.1　促进构建"大皖北"城市群

振兴皖北必须加快城镇化步伐。坚持工业化、城镇化统筹发展相互促进方针，以工业化带动城镇化、以城镇化助推工业化。皖北地区在淮河沿岸和铁路沿线已经建成了六个地级城市，自然围合成一个城市群。但是目前城市之间多数连接不够紧密，城市群的合力尚未真正形成。皖北地区人口过百万的县相对比较集中，人口城镇化的需求强劲，平原城市的建设条件比较优越。"引江济淮"工程实施后，城市供水等问题有所缓解，今后可以加快调整优化行政区划，扩大城市群能级和规模。根据实际情况和相关政策，在推进城镇化过程中把皖北地区的 22 个县（市）的县城镇作为一个整体来考虑，把居皖北板块之中的蒙城县打造成皖北地区"节点城市"，把临泉县、泗县等县城规划建设为区域性中心城市，支撑皖北振兴和长远发展。

5.5.4.2　深入打好污染防治攻坚战，守住绿色底线

"十三五"时期，皖北地区空气环境质量、水环境质量整体趋于改善、土壤环境质量总体稳定，蓝天、碧水、净土保卫战取得阶段性胜利，但"十四五"和"十五五"期间皖北地区污染防治攻坚战任务依然艰巨。

大气污染防治。大气污染治理要以重点工程项目减排为主要抓手，强化 VOCs 治理。

一是强化工业源、生活源、移动源协同治理,组建 $PM_{2.5}$ 与 O_3 污染协同防控技术团队,在淮北、宿州、淮南三市开展周期两年的"一市一策"研究试点。二是聚焦重点区域、重点时段、重点行业、重点企业、重点工业园区,深入落实问题、时间、区位、对象、措施"五个精准"要求,针对 VOCs 年排放量超过 10 t 及 243 家涉 VOCs 省级重点企业,46 个重点工业园区及 38 个第一批安徽省化工园区,开展"一企一案""一园一策"编制,探索出一条"方案先行、跟踪管理、绩效审核"的系统性治理路径。三是加强"两高"行业环境执法,核发"两高"行业排污许可证,查处"两高"企业环境违法行为。

水污染防治。一是在全省范围内深入开展"严、重、促"突出生态环境问题"大起底""回头看",强力推进突出生态环境问题整改。二是开展入河排污口排查,推进美丽河湖建设,统筹推进生态环境专项治理,加快促进经济社会发展全面绿色转型。三是定期分析国控断面水质状况,建立完善自动监测数据预警系统,向地市预警并通报水质达标及排名情况,持续实施连续不达标断面汇水范围环评限批制度。四是优化调整"十四五"省级地表水监测网络,拟设置省控断面 200 多个,建立评价、考核、排名、生态补偿相统一的地表水环境质量监测网络,有效支撑精准治污、科学治污、依法治污和深入打好碧水保卫战。

土壤及固废污染防治。一是积极支持皖北加强项目储备库建设,引导大气、水、土壤污染防治专项资金向皖北地区倾斜。二是全面防控外源污染,针对工矿企业区和城市郊区周边农田,设立污染缓冲区,建设污染隔离带。三是强化皖北地区医疗废物处置设施建设,提升蚌埠、亳州、宿州和淮南四市医疗废物处置能力和处理水平。四是积极推进 "无废城市"建设,深化秸秆等农业废弃物综合利用,推动建筑垃圾和工业固体废物处置及循环利用,推动皖北地区危险废物处置能力与产废情况总体匹配。

补齐环境基础设施短板。构建集污水、垃圾、固体废物、危险废物、医疗废物处理处置设施和监测监管能力于一体的环境基础设施体系,形成由城市向建制镇和乡村延伸覆盖的环境基础设施网络。针对工业污水处理厂、生活污水处理厂开展差别化精准提标,强化中水回用工程建设。依托各市县(区)医疗废物收集转运系统,加快完善乡镇医疗废物收集转运处置体系。

实施高质量发展战略。工业化发展坚持做大总量和优化结构并重的策略,实施质量优先发展方针,注重协调污染治理与稳定增长之间的矛盾,大力发展高成长型产业、培育战略性新兴产业,对传统支柱产业宜"以退为进""改造提升"优先,以高新技术和信息化带动传统产业的升级改造,促进产业链延伸,抑制高耗能、高排放行业增长。严格限制资源能源利用效率低、污染物排放强度高的产业发展。合理灵活利用用能权、污染物总量分配等制定实施不同地区差别化的产业准入制度。

5.5.4.3 充分发挥社会资本力量,拓宽治理模式

推动社会资本参与环境管理和环境治理,适度弥补基层生态环境管理技术人员力量与设备不足的局面,全面提升皖北地区环境管理水平,做好生态环境领域垂改管理制度的后

半篇文章。各市选择基础条件相对较好的工业园，开展现代环境治理能力示范建设工程，形成一批有利于绿色发展和环境治理水平提升，可复制、可推广的实践成果。采取"资金补贴""技术支持+课题研究+项目"等多种方式推动皖北地区工业园区、政府和生态环境主管部门购买社会化服务方式，全面创新生态环境管理模式；推行"智慧环保+环保管家"模式，支持皖北有条件的城镇争创环境综合治理托管服务国家试点，推进实施"环境医院"等一站式环境治理综合服务，探索建立面向中小企业线上线下结合的环保综合服务平台等。

同时，较为典型的生态产品综合开发产业模式是生态环境部大力推广示范的 EOD 模式项目。积极推进基于 EOD 模式的塌陷区、矿区废弃地的综合治理与开发利用，鼓励采用"环境修复+开发建设"模式开展工业污染地块修复。以习近平生态文明思想为引领，以可持续发展为目标，以生态保护和环境治理为基础，以特色产业运营为支撑，以区域综合开发为载体，采取产业链延伸、联合经营、组合开发等方式，推动公益性较强、收益性差的生态环境治理项目与收益较好的关联产业有效融合，统筹推进，一体化实施，将生态环境治理带来的经济价值内部化，是一种创新性的项目组织实施方式。EOD 模式通过在项目层面实现产业开发项目对生态环境治理的反哺，与关联产业开发项目实现有效融合，从而构建"绿水青山"转化为"金山银山"的路径。EOD 模式运作机制详见图 5-3。

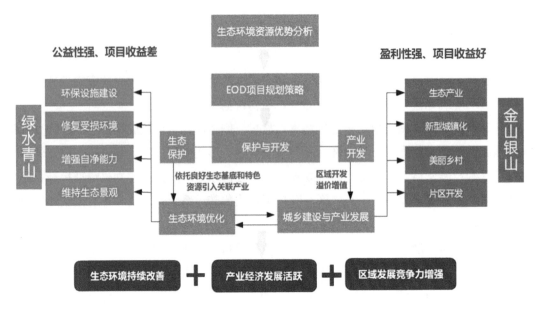

图 5-3　EOD 模式运作机制

资料来源：王金南，王志凯，刘桂环，等. 生态产品第四产业理论与发展框架研究[J]. 中国环境管理，2021，13（4）：5-13.

除此以外，针对皖北地区，生态环境治理类型包括环境综合治理、矿山修复、流域综合治理、农村人居环境整治、农村黑臭水体治理等类型，产业开发层面则包含生态旅游、康养、生态农业、循环产业、产业园经营、片区整体开发、生态能源开发利用等多种类型。

5.5.4.4　做实环境监督管理，打通"最后一公里"

不断完善基层生态环境保护监督体系。有效解决人民群众身边的生态环境问题，减少基层因生态环境问题产生的信访投诉案件数，提高人民的满意度，应从三个方面推深做实环境保护监督管理。从监管网络体系看，以自然村、城市小区为基础网格，全面形成县以下生态环境保护监督网格体系。与河湖长、林长形成分工、合作、互补、高效的环境监管"一张网"。从工作制度机制看，注重建立健全环境监督管理议事、调度、督导、考评工作机制，环境监督员问题排查、报告、办理、核销工作机制，以及环境监督员选聘、监督、考核、奖惩、培训机制等。从人员组成看，应鼓励专业技术人员和复合型人才挂职基层环境监督员，了解和解决基层环保问题的同时，充分利用专业知识，因地制宜的发现和利用市场资源有效推进生态价值转化，逐步把基层生态环境问题难点变为亮点。

创新农村生态环境建设监管体系。加强农村生态环境建设监管工作，对污染排放进行实时监控和精细化管理，是推进农村生态环境建设的重要手段之一。皖北农村广袤无垠，仅靠政府生态环境保护工作人员是不够的，在农村生态环境监管上还需要创新手段。一是要改变在乡镇工业集中区项目上存在的审而不批，以"批"代"管"的问题，变审批为跟踪评价，至少每半年要公布一次跟踪评价报告；二是运用互联网思维，增加覆盖农村的环境质量监测站点（包括大气与水环境自动站，如乡镇饮用水水源地、污水处理站自动监测等），发挥信息化手段在环境保护实时监管中的作用；三是继续做好耕地质量监测工作，设立耕地质量定位监测点，建立健全耕地质量监测体系和预报预警系统。

5.5.5　以乡村生态振兴为抓手，推进农业农村现代化

5.5.5.1　聚焦生态环境改善，推动皖北乡村生态振兴

良好的生态本身蕴含着无尽的经济价值，能够源源不断地创造综合效益。聚焦改善生态环境就是发展生产力，推进乡村生态环境改善，实现"一保两治三减四提升"，让皖北良好的生态成为乡村振兴支撑点。

实施农村人居环境整治提升五年行动。改善农村人居环境是缩小城乡差距的重要举措。加快推进村庄规划，明确村庄布局分类，将生态环境保护规划与乡村振兴规划、村庄发展规划、国土空间规划统筹衔接，编制"多规合一"的简便、实用村庄规划。以建设美丽宜居村庄为导向，坚持因地制宜，深入开展农村环境"三大革命""三大行动"。以农村生活污水、生活垃圾和黑臭水体治理为重点，开展农村环境综合整治。推进乡镇政府驻地生活污水处理设施提质增效，加快补齐污水收集处理短板；加快建设生活垃圾分类投放、分类收集、分类运输和分类处置设施，健全农村生活垃圾收运处置体系。

示范带动农村黑臭水体整治。以房前屋后河塘沟渠和群众反映强烈的黑臭水体为重点，选择通过典型区域开展试点示范，深入实践，总结凝练，形成模式，以点带面推进农村黑臭水体治理。在实地调查和环境监测基础上，确定污染源和污染状况，综合分析黑臭

水体的污染成因，采取控源截污、清淤疏浚、水体净化等措施进行综合治理。控源截污方面，根据实际情况，统筹推进农村黑臭水体治理与农村生活污水、畜禽粪污、水产养殖污染、种植业面源污染、改厕等治理工作，强化治理措施衔接整合，从源头控制水体黑臭；清淤疏浚方面，综合评估农村黑臭水体水质和底泥状况，合理制定清淤疏浚方案，加强淤泥清理、排放、运输、处置的全过程管理，避免产生二次污染；水体净化方面，依照村庄规划，对拟搬迁撤并的空心村和过于分散、条件恶劣、生态脆弱的村庄，鼓励通过生态净化消除农村黑臭水体，通过推进退耕还林还草还湿、退田还河还湖和水源涵养林建设，采用生态净化手段，促进农村水生态系统健康良性发展。因地制宜推进水体水系连通，增强渠道、河道、池塘等水体流动性及自净能力。同时，优先对国家监管的黑臭水体进行整治，实行"拉条挂账、逐一销号"。

加强畜禽养殖粪污资源化利用。坚持政府支持、企业主体、市场化运作的方针，坚持源头减量、过程控制、末端利用的治理路径，全面推进畜禽养殖废弃物资源化利用。推动畜禽养殖密集区域实施"种养结合""截污建池、收运还田"等模式，实现低成本市场化粪污治理和资源化。大力推动畜禽清洁养殖，加强标准化精细化管理，促进废弃物源头减量。打通有机肥还田渠道，增强农村沼气和生物天然气市场竞争力，加快培育发展畜禽养殖废弃物资源化利用产业。严格落实畜禽规模养殖环评制度，强化污染监管，落实养殖场主体责任，倒逼畜禽养殖废弃物资源化利用。加大政策支持保障力度，创造良好市场环境，帮助企业形成可持续的商业模式和盈利模式。同时，建议在考核畜禽粪污综合利用率和规模养殖场粪污处理设施装备配套率的同时，将流域控制单元断面水质改善情况作为畜禽养殖污染问题突出地区的考核指标，督促所辖地区政府扛起主体责任。

推进水产养殖污染治理。加强水产养殖污染防治和水生生态保护。优化水产养殖空间布局，依法科学划定禁止养殖区、限制养殖区和养殖区。推进水产生态健康养殖，积极发展大水面生态养殖、工厂化循环水养殖、池塘工程化循环水养殖、连片池塘尾水集中处理模式等健康养殖方式，推进稻渔综合种养等生态循环农业。推动出台水产养殖尾水排放标准，加快推进养殖节水减排。发展不投饵滤食性、草食性鱼类增养殖，实现以渔控草、以渔抑藻、以渔净水。严控河流、近岸海域投饵网箱养殖。大力推进水生生物保护行动，修复水生生态环境，加强水域环境监测。

严控种植业面源污染防治。持续推进化肥、农药减量增效。深入推进测土配方施肥和农作物病虫害统防统治与全程绿色防控，提高农民科学施肥用药意识和技能，推动化肥、农药使用量实现负增长。集成推广化肥机械深施、种肥同播、水肥一体等绿色高效技术，应用生态调控、生物防治、理化诱控等绿色防控技术。制修订并严格执行化肥农药等农业投入品质量标准，严格控制高毒高风险农药使用，研发推广高效缓控释肥料、高效低毒低残留农药、生物肥料、生物农药等新型产品和先进施肥施药机械。同时，在皖北地区适时开展农膜区域性绿色补偿制度试点示范，推广地膜减量增效技术，试点"谁生产、谁回收"

的地膜生产者责任延伸制度，从源头推进地膜回收。坚持堵疏结合，加大政策支持力度，整县推进秸秆全量化综合利用，优先开展就地还田，探索构建秸秆综合利用补偿制度，完善秸秆资源台账制度，推进秸秆综合利用长效化运行。

加强农村饮用水水源地保护。加快皖北县级以上饮用水水源地水质达标工程实施（以地表水源地替代地下水水源地）。以皖北农村"千吨万人"饮用水水源地为重点，推进水源保护区规范化建设，全面排查农村饮用水水源保护区环境风险，制定专项整治方案。强化水源地到水龙头的全过程监管，建立农村饮用水水源保护区生态环境监管制度，健全定期监测报告、应急事件处置、违法行为举报、水源信息公开、监督考核评价等工作机制。将农村饮用水水源地保护纳入河（湖）长制，落实水源地保护责任。对水质不达标的水源地，采取水源更换、集中供水、污染治理等措施，确保农村饮水安全。

5.5.5.2　提升农产品附加值，助力农业现代化

大力发展绿色农业，赋能长三角。依托皖北良好的土壤环境质量、特色的农业资源、悠久的农耕文化、适宜的人居环境，结合农村土地流转，通过推动农业循环化、特色化、规模化、高端化，大力发展绿色有机农业、生态立体循环种养殖、特色林果业、道地中药材种植等，建设一批高标准粮食作物、中草药、特色果蔬（如砀山酥梨、怀远石榴、萧县葡萄等）、水产（如太和水产品等）等标准化、集约化、规模化的绿色有机农产品供应基地。做优做强皖北农产品加工业"五个一批"工程，高起点建设长三角绿色农产品生产加工供应基地，确保长三角的"菜篮子""米袋子""肉案子"质量安全。

打造区域公用品牌。持续强化皖北农业品牌建设，实施农产品标准化提升行动，建立健全农产品质量监测认证体系，提升区域公用品牌的权威性。建立农产品和企业数据信息系统，严格落实农产品带标带码上市，确保质量安全。采取"母子品牌"的运作方式，加快区域内优品品牌整合，培育一批品牌示范企业，形成产业集群。做强地理标志产品。以"古井贡酒""亳白芍""砀山酥梨""颍上大米""口子窖酒""淮南豆腐""怀远石榴"等知名区域地理标志产品为重点，深度挖掘农业品牌文化内涵，讲好品牌故事。

实施"生态+文旅"行动，将优美的生态环境转化为生态产品。依托皖北地区深厚的历史底蕴和独特的人文生态系统，积极拓展农业生活生态和文化传承功能，在发展传统农业的基础上，拓展农村生态旅游、农业观光、民宿体验等多样化的服务产品。按照以保护促旅游、以旅游促发展、以发展促保护的思路，通过采取生态友好方式，塑造特色生态旅游品牌，实现"农区变景区、田园变公园、农民变导游"，并充分发挥生态旅游的拉动力及催化集成作用，推进旅游、文化、体育、康养等产业深度融合发展。

5.5.5.3　实施生态修复工程，强化生物多样性保护

全面落实《淮河生态经济带发展规划》，推进皖北自然生态系统修复。实施皖北林草生态系统修复治理，加大育林育草力度，推动林草种质资源保存库、良（采）种基地和苗木生产基地等基础设施建设。提升淮河干流和主要支流、引江济淮工程沿线、大运河主轴

的林草植被覆盖率，建设绿色生态廊道。在林草生态系统较为分散且多为疏林地、未成林造林地和迹地的河段，注重乡土植被的栽植培养。注重乔灌草结合营造河流沿岸立体植被网，加强濒危古树名木抢救复壮和自然生境保护。

建设皖北生物多样性保护网络体系。加大就地保护力度，提升自然保护区等物种重要栖息地的连通性，逐步解决重点物种生境孤岛化问题。推进河湖湿地生态系统保护，重点加强瓦埠湖、沱湖、女山湖、高塘湖、八里河、城东湖、城西湖等湖泊生态系统保护修复，提高河湖水系的连通性。采取自然恢复为主、人工修复相结合的方式，保持湿地生态系统的完整性、连续性和原生性。持续推进皖北农田、骨干道路林网构建农林复合生态系统。以生态防护林为主开展村庄绿化，结合皖北当地特色适当营建经果林，形成林田相映、林水相依、林路相连的森林网，实现生物多样性维护、水源涵养、水土保持等重要生态功能，营建集自然、生态、美化于一体的田园防护体系。实施皖北城镇及近郊区河流和道路沿岸的防护林带建设。以生态护岸林和城镇生态绿地等建设模式为主，营建由乔木、灌木、多年生地被和水生植物组成的植被带，在城市及乡镇的重要节点，在确保生态功能基础上，结合慢行道路体系，营造近自然生态效果的城镇生态绿地，增加生态公共服务。

加强珍稀濒危物种栖息地保护。防止光伏、风电、矿产等资源开发活动破坏重要物种栖息地。对重要生态系统、重点保护物种及其栖息地开展常态化观测、监测、评价和预警。加强濒危野生动物保护研究工作，在具备条件的区域建设濒危野生动物保护研究中心，强化救护、保种、繁育、野化、科普等保护研究工作，促进自然群体保护和恢复。

推进皖北种质资源保护与生物安全管理。健全生物多样性监管基础设施，实施生物多样性保护工程。推动种质资源保存库建设，规范种质资源调查采集、保存、交换、合作研究和开发利用活动。加强皖北地区外来物种入侵调查研究和风险分析，建立外来入侵物种的数据库和信息系统，构建预警网络和快速反应机制，强化对外来物种的调查、监管及生态评估工作。

5.6 探索建立生态产品价值实现机制

生态产品价值实现的本质是"绿水青山"向"金山银山"转化路径的问题，即通过社会化生产和社会交换，实现生态产品的价值实现。其中，政府主导与市场运作的双轮驱动起到明显作用，必须发挥政府在优质生态产品供给中的主体作用和体制机制建设上的引导和保障作用，同时充分发挥市场在优化资源配置中的决定性作用，解决实现效率问题。

5.6.1 探索开展生态产品第四产业试点建设

围绕生态产品供给和价值实现形成的新产业、新业态、新模式不断涌现，与传统三次产业有着本质区别的生态产品第四产业形成条件已基本成熟。生态环境部环境规划院初步将生态产品第四产业范围确定为生态产品生产、生态反哺（分配）、生态产品开发服务、生态产品交易服务四大类，共 26 小类（表 5-6），具有很好的发展基础和前景。皖北地区有着丰富的资源，可探索开展第四产业试点建设，加快完善生态产品价值实现机制。针对皖北地区，鼓励和支持投入循环农（林）业、生态旅游、休闲康养、自然教育、清洁能源及水资源利用等；发展经济林产业和生物质能源等特色产业；参与河道保护和治理、矿山废弃地生态修复与治理等工作。

表 5-6　生态产品第四产业分类范围

一级分类	二级分类	初步范围
生态产品生产	清洁空气	空气净化、释氧
	干净水源	水源涵养、水质净化
	安全土壤	土壤保持
	清洁海洋	海岸防护
	适宜气候	气候调节
	物种保育	为动植物提供生态空间
	减灾降灾	防风固沙、洪水调蓄等
	碳汇	固碳
	生态责任指标	绿化增量责任指标交易、清水增量责任指标交易
	生态资源权益	碳排放权、排污权、水权、用能权等生态资源权益交易、地票交易、森林覆盖率等指标交易等
	生态休闲农业	农业观光、展览业等经营
	生态旅游	强调对自然景观的保护，可持续发展的旅游服务，国家公园、自然风景区、风景名胜区管理
	生态康养	基于生态产品优势开发的健康养老服务
	生态文化	生态文化产品、生态文化服务
	生态园区运营	生态农业园区、生态工业园区运营
	生态农产品	生态农业、生态林业、生态畜牧业、生态渔业
	生态能源	太阳能、风能、生物质能等
	生态水源	地下水资源开发、矿泉水等
生态反哺（分配）	生态建设	生态保护
	生态修复	山水林田湖草沙环境综合治理
生态产品开发服务	生态产品综合开发	基于生态导向的生态产品综合开发经营，如"生态+光伏""生态+充电站""田园综合体"等

一级分类	二级分类	初步范围
生态产品开发服务	生态金融	基于生态产品价值的金融服务
	生态产品监测检查	生态产品调查监测、价值核算服务
	生态咨询服务	生态资产（碳资产、排污权等）管理服务、生态产品价值实现项目勘查、设计、技术咨询等
生态产品交易服务	生态产品认证推广	生态产品溯源认证、信息平台、品牌推广服务
	生态产品交易平台	生态物质产品及碳排放权、排污权、用能权、水权、绿证等生态资源权益交易服务

5.6.2　强化政府与市场双轮驱动

加大政府对生态价值的购买。扩大皖北地区生态补偿转移支付范围，完善和提高生态补偿标准，建立面向生态环境质量改善的财政绿色分配机制。结合绿色财政和生态补偿改革，引导地方政府加快建立区域间、流域上下游的横向生态补偿机制。从生态用地的可价值量化调节服务和产品供给价值两个方面，建立基于"占补平衡"的生态补偿横向市场交易机制。引导建立生态产品交易市场。大力发展具有市场交易潜力的生态农业、生态旅游、生态文化产业等绿色产业，在排污权和碳交易试点的基础上，通过确立产权确保所有者权益，促进生态产权的增值和流通，提高生态环境治理的价值转化效率。多方提升生态产品市场溢出价值。加大对重要生态保护区域的保护力度，在以国家公园为主体的自然保护地体系基础上，提升皖北生态产品的"精品"价值和地区百姓的幸福感。在沿淮蓄滞洪区、淮河重要一级支流流域、两淮废弃矿区、黄河故道区、重要丘陵岗区和湖库区等，统筹推进一批山水林田湖草沙生态保护修复重大工程。积极探索生态环境治理与区域流域产业开发有效融合，大力推行 EOD 模式，实现生态产品价值提升和价值"外溢"。

5.6.3　着力提高生态产品供给能力

建立健全生态产品的供给体系要求从制度上打通生态资源进入生产要素体系，并协同资金、技术、人才等要素的支撑作用，大力培育生态产品市场供给主体，提升生态产品供给质量和效率。一是以生态空间管控保住生态资源存量，以保护修复提高生态资源增量，为发展生态产品第四产业提供根本保障。二是建立生态产品调查监测机制，完善资源确权和流转配套制度，确保生态资源转化为生态资产，进入生产要素体系。三是培育生态产品市场经营开发主体，形成一批综合性、创新性、专业性的龙头骨干企业，激发生态产品市场活力。四是积极开展生态环境保护修复与生态产品经营开发权益挂钩等市场经营开发模式创新，实施生态环境治理和产业综合开发等经营模式试点示范，丰富生态产品第四产业业态。五是构建生态产品第四产业财税金融支持政策体系，开展基于生态产品价值的绿色金融产品服务创新，为产业发展提供重要的资金支持。六是加强生态技术创新应用，如生态系统保护、恢复及可持续管理技术，以及生态产品开发技术，这有助于提高生态系统生态生产能力、提高生态产品的溢价能力。七是加强生态产品开发经营及管理人才培养，尤其是生态建设、产业开发、绿色金融等交叉背景的人才培养，为产业提供源源不断的专业人才支撑。

5.6.4 构建生态产品价值核算体系

加快推进皖北地区自然资源统一确权登记工作，完善生态产品权属界定，健全皖北地区自然资源资产负债表编制体系。建立皖北各市生态资产和生态产品目录清单，加强与高等院校、科研院所合作，科学制定皖北地区生态产品价值核算体系、技术规范和核算流程，加快出台生态产品价值核算技术地方标准。在皖北重点开发区域和农产品主产区各选择1个县（区），完成县域范围的生态产品价值核算并逐步全面推广。建立生态产品价值定期核算与发布制度，掌握各县（区）生态产品价值、供给状况及动态变化趋势。探索建立生态产品价值考核体系，将生态产品价值实现机制试点工作纳入各县（区）目标考核指标体系和干部自然资源资产离任审计。探索生态产品价值核算结果市场应用机制，将核算结果作为市场交易、市场融资、生态补偿等的重要依据。

5.6.5 建立生态产品价值实现推进机制

建立生态产品价值实现推进工作组，负责统筹协调推进生态产品价值实现工作，定期对落实情况进行评估。深化生态产品价值实现机制试点，鼓励皖北地区因地制宜开展各类形式的生态产品价值实现路径探索，提炼总结可复制、可推广的经验模式，形成一批国家和全省公认的生态产品价值实现机制示范基地。强化生态产品技术研发推广力度，支持组建生态产品价值实现机制研究中心。加快推动"数字江淮—智能环保"发展，依靠信息技术创新驱动，不断催生新产业新业态新模式，用新动能推动生态产品价值实现新路径。加大对典型经验做法和创新成果的宣传力度，让广大群众成为生态产品价值实现的参与者、推广者和受益者。充分发挥各类媒体的宣传主阵地作用，宣传生态产品价值实现典型案例、品牌等，为建立生态产品价值实现机制提供良好的舆论环境。

参考文献

[1] 安徽省人民政府. 安徽省主体功能区规划[Z]. 2013.

[2] 安徽省人民政府. 关于发布安徽省生态保护红线的通知（皖政秘〔2018〕120 号）[Z]. 2018.

[3] 安徽省生态环境厅. 安徽省"十四五"大气污染防治规划（皖环发〔2022〕12 号）[Z]. 2022.

[4] 安徽省生态环境厅, 安徽省发展和改革委员会, 安徽省经济和信息化厅, 等. 安徽省减污降碳协同增效工作方案（皖环发〔2022〕50 号）[Z]. 2022.

[5] 安徽省生态环境厅. 安徽省生态环境质量报告书 2016—2020[Z]. 2021.

[6] 安徽省统计局, 国家统计局安徽调查总队. 安徽省 2021 年国民经济和社会发展统计公报[Z]. 2022.

[7] 安徽省统计局, 国家统计局安徽调查总队. 安徽统计年鉴 2021[M]. 北京：中国统计出版社, 2021.

[8] 安徽省统计局, 国家统计局安徽调查总队. 安徽统计年鉴 2022[M]. 北京：中国统计出版社, 2022.

[9] 安徽省统计局. 安徽省第七次全国人口普查主要数据情况[Z]. 2021.

[10] 安徽省统计局. 安徽统计年鉴 2001[M]. 北京：中国统计出版社, 2001.

[11] 国家林业局. 自然保护区保护成效评估技术导则　第 1 部分：野生植物保护[S]. 北京：中国标准出版社, 2014.

[12] 国家林业局. 自然保护区保护成效评估技术导则　第 2 部分：植被保护[S]. 北京：中国标准出版社, 2014.

[13] 国家林业局. 自然保护区保护成效评估技术导则　第 3 部分：景观保护[S]. 北京：中国标准出版社, 2014.

[14] 国家林业局. 自然保护区保护成效评估技术导则　第 4 部分：野生动物保护[S]. 北京：中国标准出版社, 2014.

[15] 国家统计局. 中国统计年鉴 2021[M]. 北京：中国统计出版社, 2021.

[16] 国务院. 关于加强环境保护重点工作的意见（国发〔2011〕35 号）[Z]. 2011.

[17] 生态环境部办公厅, 发展改革委办公厅, 国家开发银行办公厅. 关于推荐生态环境导向的开发模式试点项目的通知[Z]. 2020.

[18] 生态环境部, 国家发展改革委, 科技部, 等. 深入打好重污染天气消除、臭氧污染防治和柴油货

车污染治理攻坚战行动方案（环大气〔2022〕68 号）[Z]. 2022.

[19] 中共安徽省委. 深入打好污染防治攻坚战行动方案（皖发〔2022〕13 号）[Z]. 2022.

[20] 中共中央办公厅，国务院办公厅. 关于划定并严守生态保护红线的若干意见（厅字〔2017〕2 号）[Z]. 2017.

[21] 中共中央办公厅，国务院办公厅. 关于在国土空间规划中统筹划定落实三条控制线的指导意见（厅字〔2019〕48 号）[Z]. 2019.

[22] 中共中央，国务院. 中共中央　国务院关于深入打好污染防治攻坚战的意见[Z]. 2021.

[23] 自然资源部，生态环境部，国家林业和草原局. 关于加强生态保护红线管理的通知（试行）（自然资发〔2022〕142 号）[Z]. 2022.

[24] 刘纪远. 中国资源环境遥感宏观调查与动态研究[M]. 北京：中国科学技术出版社，1996.

[25] 吴奇. 安徽迈入中等偏上收入发展阶段[N]. 合肥晚报，2016-02-04.

[26] 陈芳，张书勤. 安徽融入长三角绿色发展效果评估及机制创新[J]. 内江师范学院学报，2021，36（8）：83-91.

[27] 陈佩佩，张晓玲. 生态产品价值实现机制探析[J]. 中国土地，2020（2）：12-14.

[28] 陈优良，李亚倩. 长三角 $PM_{2.5}$ 和 O_3 变化特征及与气象要素的关系[J]. 长江流域资源与环境，2021，30（2）：382-396.

[29] 程翠云. 长三角一体化生态环境协同监管机制探讨[J]. 中华环境，2020（12）：31-33.

[30] 程倩. 长三角环境协同治理的困境与破解思路研究[D]. 南京：南京师范大学，2020.

[31] 戴悦，史梦鸽. 长三角大都市群生态功能区生态补偿机制研究进展综述[J]. 生态经济，2018，34（1）：202-207.

[32] 樊杰，周侃. 以"三区三线"深化落实主体功能区战略的理论思考与路径探索[J]. 中国土地科学，2021，35（9）：1-9.

[33] 高吉喜，徐德琳，乔青，等. 自然生态空间格局构建与规划理论研究[J]. 生态学报，2020，40（3）：749-755.

[34] 葛察忠，程翠云，杜艳春，等. 打造美丽中国建设的先行示范区——《长江三角洲区域生态环境共同保护规划》解读[J]. 环境保护，2021，49（10）：8-11.

[35] 关博，崔国发，朴正吉. 自然保护区野生动物保护成效评价研究综述[J]. 世界林业研究，2012，25（6）：40-45.

[36] 光峰涛，杨树旺，易扬. 长三角地区生态环境治理一体化的创新路径探索[J]. 环境保护，2020，48（20）：31-35.

[37] 郭西茜. 浅谈淮北市矿山地质环境问题及生态修复意义[J]. 资源环境与工程，2021，35（3）：364-368.

[38] 胡腾宇. 基于城市空间品质提升的淮北市"城市双修"策略研究[D]. 合肥：安徽建筑大学，2021.

[39] 胡文静. 完善长三角区域污染防治协作机制[J]. 宏观经济管理，2021（12）：63-70.

[40] 黄报远，卢显妍，陈桐生，等. 粤港澳大湾区协同推进经济高质量发展和生态环境高水平保护的对策研究[J]. 环境与可持续发展，2020，45（3）：86-89.

[41] 黄润秋. 深入贯彻落实党的十九届五中全会精神　协同推进生态环境高水平保护和经济高质量发展[J]. 环境保护，2021，49（Z1）：13-21.

[42] 贾良清，欧阳志云，赵同谦，等. 安徽省生态功能区划研究[J]. 生态学报，2005（2）：254-260.

[43] 蒋志刚，李立立，罗振华，等. 通过红色名录评估研究中国哺乳动物受威胁现状及其原因[J]. 生物多样性，2016（24）：552-567.

[44] 李倩. 区域大气污染协同治理政策的作用机制及效应研究——以长江三角洲地区为例[D]. 成都：西南财经大学，2023.

[45] 李舒，吕培辰，毕军，等. 面向联防联控和优先管理的长三角区域环境风险管控对策研究[J]. 中国发展，2017，17（1）：8-14.

[46] 李晓童. 长三角地区水环境生态补偿机制伦理研究[J]. 佳木斯大学社会科学学报，2021，39（6）：52-54，59.

[47] 李永华，汉瑞英，常江，等. 通过生态环境保护大会看生态环境保护[J]. 世界环境，2023（5）：36-38.

[48] 梁峰，李家林，秦翠翠. 长三角一体化背景下欠发达地区高质量发展研究——来自皖北地区的经验分析[J]. 安徽农业大学学报（社会科学版），2022，31（2）：46-54.

[49] 林瑒焱，徐昔保. 长三角地区生态系统生产总值时空变化及重要生态保护空间识别[J]. 资源科学，2022，44（4）：847-859.

[50] 刘长松. 新时期全面推进美丽中国建设的战略部署——全国生态环境保护大会解读[J]. 世界环境，2023（4）：26-28.

[51] 刘冬，林乃峰，邹长新，等. 国外生态保护地体系对我国生态保护红线划定与管理的启示[J]. 生物多样性，2015，23（6）：708-715.

[52] 刘冬，杨悦，张文慧，等. 长三角区域一体化发展规划与政策制度研究[J]. 环境保护，2020，48（20）：9-15.

[53] 刘方正，张建亮，王亮，等. 甘肃安西极旱荒漠国家级自然保护区南片植被长势与保护成效[J]. 生态学报，2016（36）：1582-1590.

[54] 刘康丽. 基于范围划分的区域大气污染联防联控机制优化研究[D]. 杭州：浙江工业大学，2021.

[55] 刘润长. "四化同步"视阈下推进农业现代化的新思考[J]. 中国农村科技，2014（8）：58-60.

[56] 刘士林. 长三角一体化的发展历程与文化选择[J]. 中国名城，2021，35（8）：7-13.

[57] 刘双柳，陈鹏，程亮，等. 长三角区域一体化背景下的环保投融资创新机制研究[J]. 生态经济，2021，37（1）：152-156.

[58] 逯元堂，赵云皓，辛璐，等. 生态环境导向的开发（EOD）模式实施要义与实践探析[J]. 环境保护，2021，49（14）：30-33.

[59] 马方凯，陈英健，姜尚文. 长江三角洲区域水生态环境治理思考[J]. 人民长江，2022，53（2）：48-53.

[60] 马培林，张喜华，张文艳，等. 乡村振兴视角的皖北农村产业融合因素分析[J]. 商业经济，2019（5）：114-115.

[61] 马晓武，徐昔保. 区域尺度生态保护红线连通性优化与管控——以长三角为例[J]. 自然资源学报，2022，37（12）：3088-3101.

[62] 毛春梅，曹新富. 大气污染的跨域协同治理研究——以长三角区域为例[J]. 河海大学学报（哲学社会科学版），2016，18（5）：46-51，91.

[63] 牛艳秋. 安徽省高质量融入长三角一体化的发展路径研究[J]. 铜陵职业技术学院学报，2021，20（2）：24-28，65.

[64] 裴索亚. 跨行政区生态环境协同治理绩效生成机制与提升路径研究[D]. 西安：西北大学，2022.

[65] 秦旭晨. 长三角流域生态补偿的法律保障机制研究[J]. 法制博览，2019（8）：195.

[66] 任志安，赵静静. 皖北地区"四化"协调发展的实证研究[J]. 区域经济评论，2014（3）：87-91.

[67] 司长风. "四化"同步发展中河南省农村生态环境建设对策研究[D]. 郑州：河南农业大学，2017.

[68] 宋亮. 经济高质量发展对推动环境保护及生态文明建设的作用[J]. 吉林农业，2019（23）：19-20.

[69] 孙金龙. 全面落实美丽中国建设重大部署　不断开创生态环境保护工作新局面[J]. 环境保护，2023，51（20）：9-10.

[70] 孙久文. 新时代长三角高质量一体化发展的战略构想[J]. 人民论坛，2021（11）：60-63.

[71] 田雅丝，毛倩鸿，李纯，等. 区域一体化视角下长三角地区生态用地时空演变影响因素[J]. 生态学报，2023，43（13）：5406-5416.

[72] 汪水兵，刘桂建，杨鹏，等. 合肥市臭氧时空分布特征与气象因子影响研究[J]. 大气与环境光学学报，2021，16（4）：339-348.

[73] 汪水兵，刘桂建，张红，等. 安徽省臭氧污染时空变化及污染成因研究[J]. 装备环境工程，2021，18（8）：124-130.

[74] 王斌，程洪野，吕朝凤. 安徽省乡村振兴综合能力评价研究[J]. 中国经贸导刊（中），2021（4）：89-91.

[75] 王波，王夏晖. 我国农村环境"短板"根源剖析[J]. 环境与可持续发展，2016，41（2）：93-97.

[76] 王波，郑利杰，王夏晖. 我国"十四五"时期农村环境保护总体思路探讨[J]. 中国环境管理，2020，12（4）：51-55.

[77] 王会，杨光，程宝栋. 长三角地区省级流域生态补偿制度研究[J]. 环境保护，2020，48（20）：24-30.

[78] 王金南，马国霞，王志凯，等. 生态产品第四产业发展评价指标体系的设计及应用[J]. 中国人口·资源与环境，2021，31（10）：1-8.

[79] 王金南，王志凯，刘桂环，等. 生态产品第四产业理论与发展框架研究[J]. 中国环境管理，2021，13（4）：5-13.

[80] 王伟，辛利娟，杜金鸿，等. 自然保护地保护成效评估：进展与展望[J]. 生物多样性，2016，24（10）：1177-1188.

[81] 王夏晖，朱媛媛，文一惠，等. 生态产品价值实现的基本模式与创新路径[J]. 环境保护，2020，48（14）：14-17.

[82] 王晓元，江飞，徐圣辰，等. 长三角区域大气重污染应急减排效果评估[J]. 环境科学研究，2020，33（4）：783-791.

[83] 王燕，高吉喜，王金生，等. 新疆国家级自然保护区土地利用变化的生态系统服务价值响应[J]. 应用生态学报，2014，25（5）：1439-1446.

[84] 王梓懿，张京祥，周子航. 长三角区域一体化视角下生态补偿机制研究[J]. 上海城市规划，2020（4）：26-32.

[85] 吴楠. 基于格局的生态系统服务及价值评估研究[D]. 成都：中国科学院成都山地灾害与环境研究所，2010.

[86] 吴晓莆，唐志尧，崔海亭，等. 北京地区不同地形条件下的土地覆盖动态[J]. 植物生态学报，2006，30（2）：239-251.

[87] 夏光. 论"十四五"生态环境保护的主题和主线[J]. 环境与可持续发展，2021，46（4）：7-11.

[88] 谢高地，甄霖，鲁春霞，等. 一个基于专家知识的生态系统服务价值化方法[J]. 自然资源学报，2008，23（5）：911-919.

[89] 徐梦佳，刘冬，林乃峰，等. 长三角一体化背景下生态保护红线的管理方向思考[J]. 环境保护，2020，48（20）：16-19.

[90] 晏玉莹，杨道德，邓娇，等. 国家级自然保护区保护成效评估指标体系构建——以陆生脊椎动物（除候鸟外）类型为例[J]. 应用生态学报，2015（26）：1571-1578.

[91] 杨鹏，张红，汪水兵，等. 安徽省 $PM_{2.5}$ 分布特征及区域输送来源分析[J]. 环境科学与技术，2020，43（2）：52-59.

[92] 杨荣金，孙美莹，张乐，等. 长江经济带生态环境保护的若干战略问题[J]. 环境科学研究，2020，33（8）：1795-1804.

[93] 杨旭，朱玉梅. 统筹共治：习近平生态文明思想的治理逻辑[J]. 湖北行政学院学报，2023（1）：49-55.

[94] 杨艳，谷树忠. 加快统筹推进生态环境保护与经济社会高质量发展[J]. 中国发展观察，2022（8）：22-23，64.

[95] 俞敏，李维明，高世楫，等. 生态产品及其价值实现的理论探析[J]. 发展研究，2020（2）：47-56.

[96] 张红，杨鹏，汪水兵，等. 安徽省春节-疫情期间 $PM_{2.5}$ 浓度变化成因分析[J]. 环境科学与技术，2020，43（10）：177-185.

[97] 张慧，高吉喜，宫继萍，等. 长三角地区生态环境保护形势、问题与建议[J]. 中国发展，2017，17（2）：3-9.

[98] 张乃丹. 长三角区域一体化发展现状及路径分析[J]. 中国集体经济，2022（31）：34-37.

[99] 张镱锂，胡忠俊，祁威，等. 基于 NPP 数据和样区对比法的青藏高原自然保护区保护成效分析[J]. 地理学报，2015（70）：1027-1040.

[100] 赵晶晶，肖文涛. 我国生态环境保护工作发展历程及趋势[J]. 辽宁省社会主义学院学报，2022（3）：105-108.

[101] 赵珅，焦少俊，鞠昌华，等. 长三角危险废物跨区域利用处置生态补偿机制研究[J]. 环境污染与防治，2021，43（6）：779-783，806.

[102] 郑姚闽，张海英，牛振国，等. 中国国家级湿地自然保护区保护成效初步评估[J]. 科学通报，2012（57）：207-230.

[103] 周冯琦. 长三角生态环境共保联治的挑战与建设[J]. 中国环境监察，2020（1）：48-49.

[104] 周宇，涂啸菲. 长三角区域一体化的生态环境法治协同研究[J]. 审计观察，2022（10）：50-54.

[105] 朱新中. 推进长三角环境保护联防联治的现实困境与对策建议[J]. 中国发展，2019，19（6）：10-12.

[106] ANDAM K S，FERRARO P J，PFAFF A，et al. Measuring the effectiveness of protected areas networks in reducing deforestation[J]. Proceedings of the National Academy of Sciences，USA，2008，105：16089-16094.

[107] DAILY G C. Nature's Services：Societal Dependence on Natural Ecosystems[M]. Washington DC：Island Press，1997.

[108] 吴楠，陈凝，王在高，等. 基于生态系统服务价值的安徽省生态保护地保护成效评估[J]. 安徽农业大学学报，2019，46（1）：75-82.

[109] JOPPA L N，PFAFF A. Global protected area impacts[J]. Proceedings of the Royal Society B：Biological Sciences，2011，278，1633-1638.

[110] JOPPA L N，PFAFF A. Reassessing the forest impacts of protection：The challenge of nonrandom location and a corrective method[J]. Annals of the New York Academy of Sciences，2010，1185：135-149.

[111] LIU J G，LI S X，OUYANG Z Y，et al. Ecological and socioeconomic effects of China's policies for ecosystem services[J]. Proceedings of the National Academy of Sciences，2008，105：9477-9482.

[112] Millennium Ecosystem Assessment. Ecosystems and Human Well-being：Biodiversity Synthesis[M]. Washington DC：World Resources Institute，2005.

[113] NOLTE C，AGRAWAL A，SILVIUS K M，et al. Governance regime and location influence avoided deforestation success of protected areas in the Brazilian Amazon[J]. Proceedings of the National Academy of Sciences of the United States of America，2013，110：4956-4961.

[114] ROGERS J. The Effectiveness of Protected Areas in Central Africa：A Remotely Sensed Measure of Deforestation and Access[D]. New York：Columbia University，2011.

[115] SANDBERGER-LOUA L，DOUMBIA J，RÖDEL M. Conserving the unique to save the diverse—Identifying key environmental determinants for the persistence of the viviparous Nimba toad in a West African World Heritage Site[J]. Biological Conservation，2016，198：15-21.

[116] WANG W，PECHACEK P，ZHANG M X，et al. Effectiveness of nature reserve system for conserving tropical forests：A statistical evaluation of Hainan Island，China[J]. Plos One，2013，8：e57561.

附图 1 安徽省 2020 年土地覆被图

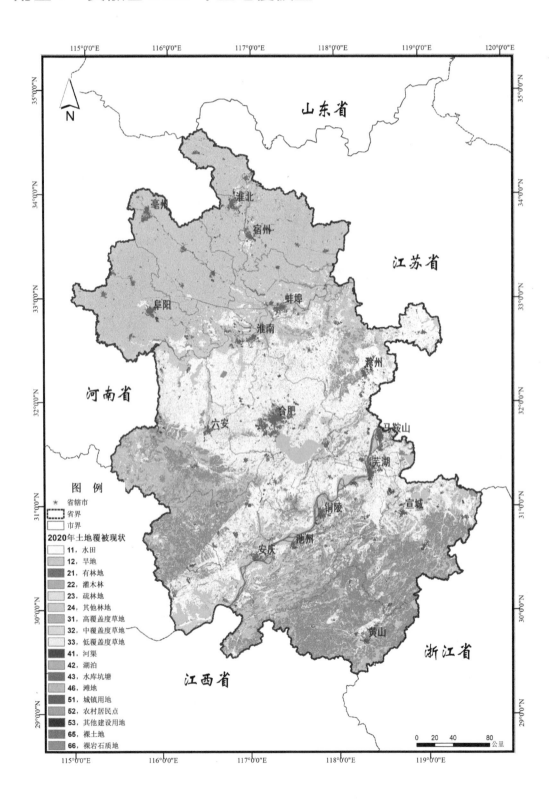

附图 2 安徽省植被类型图

图 例

* 省辖市
- 省界
- 市界

植被大类
一年两熟或三熟粮食作物田及果树园、经济林
一年两熟粮食作物田及果树园、经济林
两年三熟或一年两熟旱作田和果树园
亚热带常绿、落叶阔叶混交林
亚热带常绿阔叶混交林
亚热带落叶阔叶林
亚热带针叶林

亚热带和热带竹林及竹丛
亚热带、热带常绿阔叶、落叶阔叶灌丛
亚热带、热带草丛
亚热带、热带沼泽
温带落叶阔叶林
温带针叶林
温带草丛
温带沼泽
水域

附图 3　安徽省湿地生态系统分布图

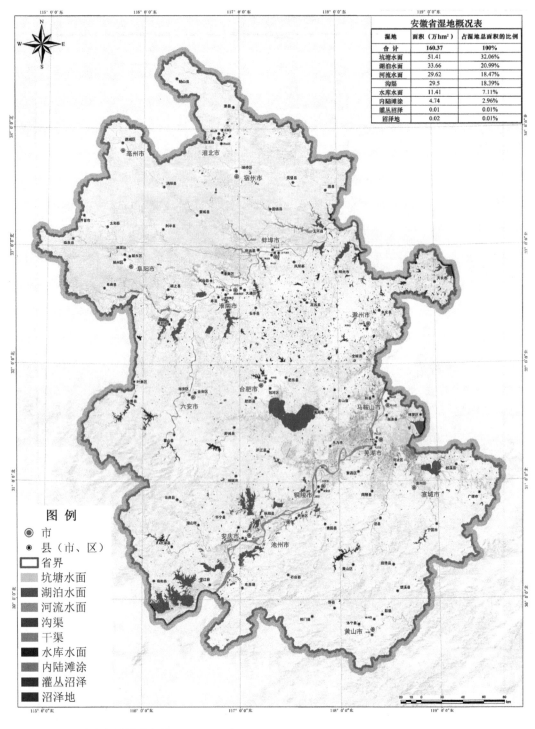

注：本图引自《安徽省湿地保护规划（2022—2030 年）》。

附图 4 安徽省森林资源分布图

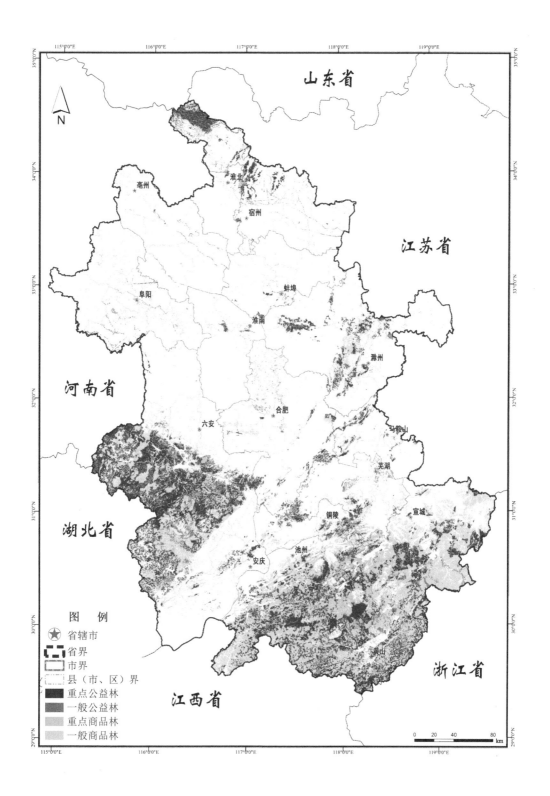

附图 5　安徽省矿产资源现状分布图（2020 年）

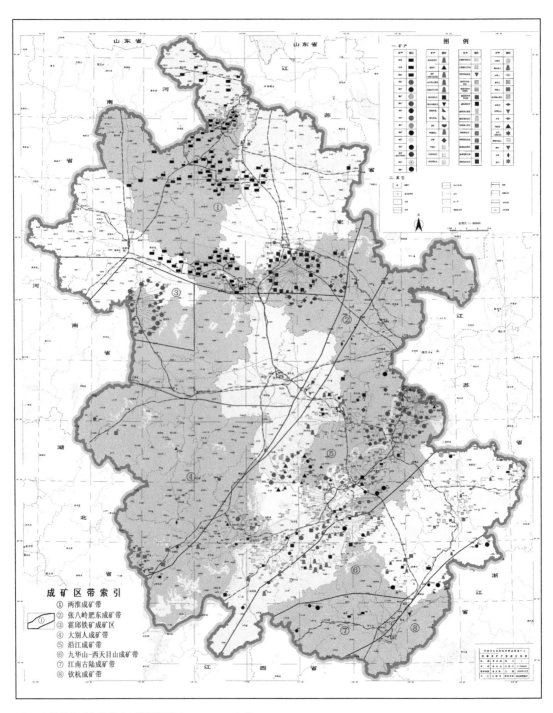

注：本图引自《安徽省矿产资源规划（2021—2025 年）》。

附图 6　安徽省土壤侵蚀强度分级图

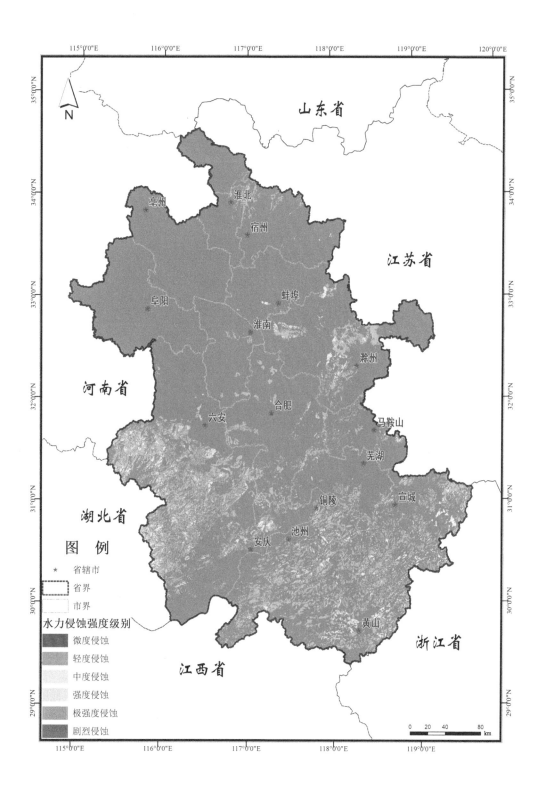

附图 7　安徽省水系及流域分区图

注：本图引自《安徽省水资源公报（2022 年）》。

附图8 安徽省生态空间范围图

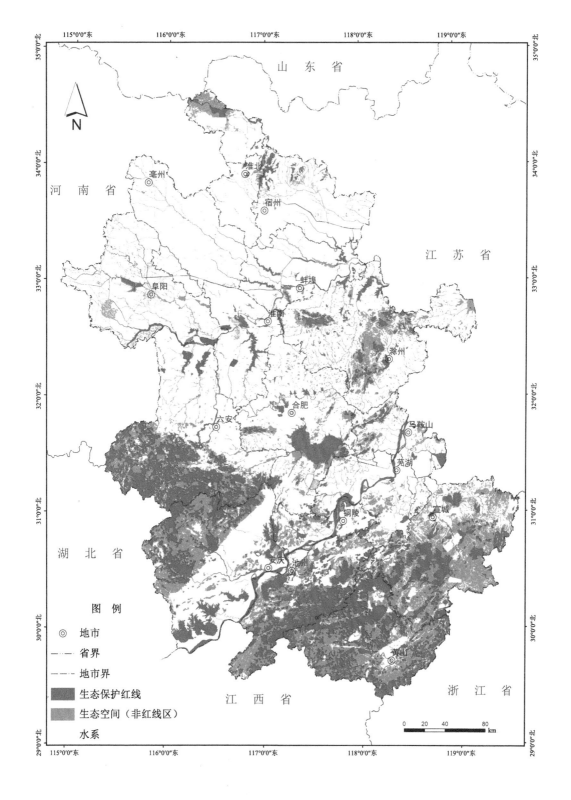

附图 9 安徽省生态空间功能区块分布图

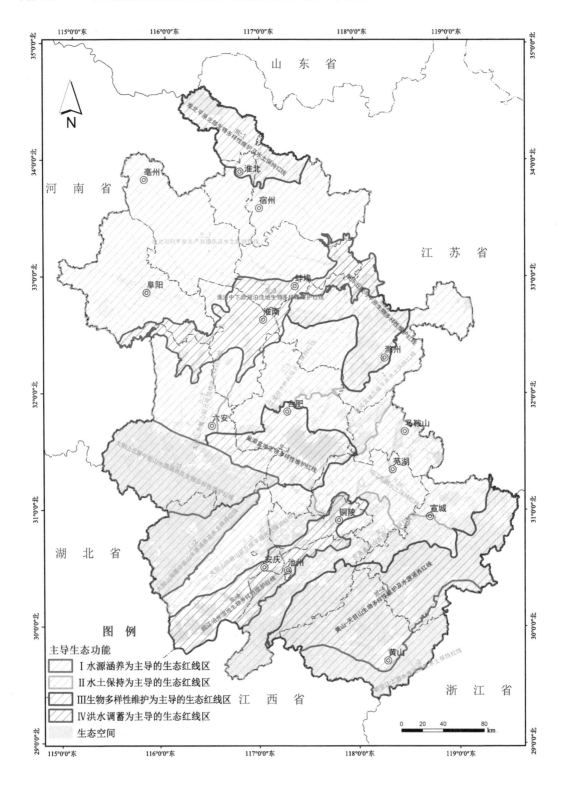